U0280878

国家出版基金项目
NATIONAL PUBLICATION FOUNDATION

主　编　张宗亮
副主编　刘兴宁　袁友仁

大国重器

中国超级水电工程·糯扎渡卷

创新技术综述

张宗亮　刘兴宁　严　磊　等　编著

中国水利水电出版社
www.waterpub.com.cn
·北京·

内 容 提 要

本书系国家出版基金项目——《大国重器 中国超级水电工程·糯扎渡卷》之《创新技术综述》分册。全书共 14 章，主要内容包括：综述、工程建设条件、工程综合勘察、心墙堆石坝、泄洪建筑物、引水及尾水建筑物、发电厂房建筑物、导截流建筑物、机电工程、安全监测与评价工程、生态环境工程、征地移民工程、工程数字化、结语。

本书可供大型水利水电工程技术人员和管理人员学习、参考，也可供相关科研单位及高等院校的师生教学参考。

图书在版编目（ＣＩＰ）数据

创新技术综述 / 张宗亮等编著. -- 北京 ： 中国水利水电出版社，2021.2

（大国重器 中国超级水电工程. 糯扎渡卷）

ISBN 978-7-5170-9457-9

Ⅰ．①创… Ⅱ．①张… Ⅲ．①水利水电工程－工程技术－概况－云南 Ⅳ．①TV752.74

中国版本图书馆CIP数据核字(2021)第040863号

书　　名	大国重器 中国超级水电工程·糯扎渡卷 创新技术综述 CHUANGXIN JISHU ZONGSHU
作　　者	张宗亮　刘兴宁　严磊 等 编著
出版发行	中国水利水电出版社 （北京市海淀区玉渊潭南路 1 号 D 座　100038） 网址：www.waterpub.com.cn E-mail：sales@waterpub.com.cn 电话：(010) 68367658（营销中心）
经　　售	北京科水图书销售中心（零售） 电话：(010) 88383994、63202643、68545874 全国各地新华书店和相关出版物销售网点
排　　版	中国水利水电出版社微机排版中心
印　　刷	北京印匠彩色印刷有限公司
规　　格	184mm×260mm　16 开本　13 印张　316 千字
版　　次	2021 年 2 月第 1 版　2021 年 2 月第 1 次印刷
印　　数	0001—1500 册
定　　价	**125.00 元**

凡购买我社图书，如有缺页、倒页、脱页的，本社营销中心负责调换

版权所有·侵权必究

《大国重器 中国超级水电工程·糯扎渡卷》
编撰委员会

高级顾问	马洪琪　陈祖煜　钟登华
主　　任	张宗亮
副 主 任	刘兴宁　袁友仁　朱兆才　张　荣　邵光明
	邹　青　严　磊
委　　员	张建华　李仕奇　武赛波　张四和　冯业林
	董绍尧　李开德　李宝全　赵洪明　沐　青
	张发瑜　郑大伟　邓建霞　高志芹　刘琼芳
	曹军义　姚建国　朱志刚　刘亚林　李　荣
	孙　华　张　阳　李　英　尹　涛　张燕春
	李红远　唐良霁　薛　舜　谭志伟　赵志勇
	张礼兵　杨建敏　梁礼绘　马淑君
主　　编	张宗亮
副 主 编	刘兴宁　袁友仁

《创新技术综述》
编撰人员

主　编	张宗亮
副主编	刘兴宁　严　磊　袁友仁
参编人员	李仕奇　邵光明　张　荣　朱兆才　邹　青
	李宝全　冯业林　赵洪明　沐　青　张发瑜
	谭志伟　郑大伟　姚建国　李红远　李　英
	高志芹

　　土石坝是历史最为悠久的一种坝型，也是应用最为广泛和发展最快的一种坝型。据统计，世界已建的100m以上的高坝中，土石坝占比76％以上；新中国成立70年来，我国建设了约9.8万座大坝，其中土石坝占95％。

　　20世纪50年代，我国先后建成官厅、密云等土坝；60年代，建成当时亚洲第一高的毛家村土坝；80年代以后，建成碧口（坝高101.8m）、鲁布革（坝高103.8m）、小浪底（坝高160m）、天生桥一级（坝高178m）等土石坝工程；进入21世纪，中国土石坝筑坝技术有了质的飞跃，陆续建成了洪家渡（坝高179.5m）、三板溪（坝高185m）、水布垭（坝高233m）等高土石坝，标志着我国高土石坝工程建设技术已步入世界先进行列。

　　而糯扎渡心墙堆石坝无疑是我国高土石坝领域的国际里程碑工程。电站总装机容量585万kW，建成时为我国第四大水电站，总库容237亿m³，坝高261.5m，为中国最高（世界第三）土石坝，比之前最高的小浪底心墙堆石坝提升了100m的台阶。开敞式溢洪道最大泄洪流量31318m³/s，泄洪功率6694万kW，居世界岸边溢洪道之首。通过参建各方的共同努力和攻关，在特高心墙堆石坝筑坝材料勘察、试验与改性，心墙堆石坝设计准则及安全评价标准，施工质量数字化监控及快速检测技术取得诸多具有我国自主知识产权的创新成果。这其中，最为突出的重大技术创新有两个方面：一是首次揭示了超高心墙堆石坝土料均需改性的规律，系统提出掺人工碎石进行土料改性的成套技术。糯扎渡天然土料黏粒含量偏多，砾石含量偏少，含水率偏高，虽然能满足防渗的要求，但不能满足超高心墙堆石坝强度和变形要求，因此掺加35％的人工级配碎石对天然土料进行改性，提高了心墙土料的强度和变形模量，实现了心墙与堆石料的变形协调。二是研发了高土石坝筑坝数字化质量控制技术，开创了我国水利水电工程数字化智能化建设的先河。过去的土石坝施工质量监控采用人工旁站监理，工作量大，效率低，容易出现疏漏环节。在糯扎渡水电站建设中，成功研发了"数字大坝"信息技术，对大坝填筑碾压全过程进行全天候、精细化、在线实时监控，确保了总体积达3400余万m³大坝优质施工，是世界大坝建设质量控制技术的重大创新。

糯扎渡提出的高土石坝心墙土料改性和"数字大坝"等核心技术，从根本上保证了大坝变形稳定、渗流稳定、坝坡稳定和抗震安全，工程蓄水至今运行状况良好，渗漏量仅为 15L/s，为国内外同类工程最小。系列科技成果大幅度提升了中国土石坝的设计和建设水平，广泛应用于后续建设的特高土石坝，如大渡河长河坝（坝高 240m）、双江口（坝高 314m），雅砻江两河口（坝高 295m）等。糯扎渡水电站科技成果获国家科技进步二等奖 6 项、省部级科技进步奖 10 余项，工程获国际堆石坝里程碑工程奖、菲迪克奖、中国土木工程詹天佑奖和全国优秀水利水电工程勘测设计金质奖等诸多国内外工程界大奖，是我国高心墙堆石坝在国际上从并跑到领跑跨越的标志性工程！

糯扎渡水电站不仅在枢纽工程上创新，在机电工程、水库工程、生态工程等方面也进行了大量的技术创新和应用。通过水库调蓄，对缓解下游地区旱灾、洪灾和保障航运通道发挥了重大作用；通过一系列环保措施，实现了水电开发与生态环境保护相得益彰；电站年均提供 239 亿 kW·h 绿色清洁能源，是中国实施"西电东送"的重大战略工程之一，在澜沧江流域形成了新的经济发展带，把西部资源优势转化为经济优势，带动了区域经济快速发展。因此，无论从哪方面来看，糯扎渡水电站都是名副其实的大国重器！

本卷丛书系统总结了糯扎渡枢纽、机电、水库移民、生态、工程安全等方面的科研、技术成果，工程案例具体，内容翔实，学术含金量高。我相信，本卷丛书的出版对于推动我国特高土石坝和水电工程建设的发展具有重要理论意义和实践价值，将会给广大水电工程设计、施工和管理人员提供有益的参考和借鉴。本人作为糯扎渡水电站建设方的技术负责人，很高兴看到本卷丛书的编辑出版，也非常愿意将其推荐给广大读者。

是为序。

中国工程院院士

2020 年 11 月

　　获悉《大国重器　中国超级水电工程·糯扎渡卷》即将付梓，欣然为之作序。

　　土石坝由于其具有对地质条件适应性强、能就地取材、建筑物开挖料利用充分、水泥用量少、工程经济效益好等优点，在水电开发中得到了广泛应用和快速发展，尤其是在西南高山峡谷地区，由于受交通及地形地质等条件的制约，土石坝的优势尤为明显。近30年来，随着一批高土石坝标志性工程的陆续建成，我国的土石坝建设取得了举世瞩目的成就。

　　作为我国水电勘察设计领域的排头兵，土石坝工程是中国电建昆明院的传统技术优势，自20世纪中叶成功实践了当时被誉为"亚洲第一土坝"的毛家村水库心墙坝（最大坝高82.5m）起，中国电建昆明院就与土石坝工程结下了不解之缘。80年代的鲁布革水电站心墙堆石坝（最大坝高103.8m），工程多项指标达到国内领先水平，接近达到国际同期先进水平，获得国家优秀工程勘察金质奖和设计金质奖；90年代的天生桥一级水电站混凝土面板堆石坝（最大坝高178m），为同类坝型亚洲第一、世界第二，使我国面板堆石坝筑坝技术迈上新台阶，工程获国家优秀工程勘察金质奖和设计银质奖。这些工程都代表了我国同时代土石坝建设的最高水平，对推动我国土石坝技术发展起到了重要作用。

　　而糯扎渡水电站则代表了目前我国土石坝建设的最高水平。该工程在建成前，我国已建超过100m高的心墙堆石坝较少，最高为160m的小浪底大坝，糯扎渡大坝跨越了100m的台阶，超出了我国现行规范的适用范围，已有的筑坝技术和经验已不能满足超高心墙堆石坝建设的需求。"高水头、大体积、大变形"条件下，超高心墙堆石坝在渗流稳定、变形控制、抗滑稳定以及抗震安全方面都面临重大挑战，需开展系统深入研究。以中国电建昆明院总工程师、全国工程勘察设计大师张宗亮为技术总负责的产学研用项目团队开展了十余年的研发和工程实践，在人工碎石掺砾防渗土料成套技术、软岩堆石料在上游坝壳的利用、土石料静动力本构模型、心墙水力劈裂机制、裂缝计算分析方法、成套设计准则、施工质量实时控制技术、安全综合评价体系等方面取得创新成果，均达到国际领先水平，确保了大坝的成功建设。大坝运行良好，渗流量和坝体沉降均远小于国内外已建同类工程，被谭靖夷院士评价为"无瑕疵工程"。

本人主持了糯扎渡水电站高土石坝施工质量实时控制技术的研发工作，建设过程中十余次到现场进行技术攻关，实现了高土石坝质量与安全精细化控制，成功建成我国首个数字大坝工程。

糯扎渡水电站工程践行绿色发展理念，实施环保、水保各项措施，有效地保护了当地鱼类和珍稀植物，节能减排效益显著，抗旱、防洪、通航效益巨大，带动地区经济发展成效显著，这些都是这个工程为我国水电开发留下来的宝贵财富。糯扎渡水电站必将成为我国水电技术发展的里程碑工程！

本卷丛书是作者及其团队对糯扎渡水电站研究和实践的系统总结，内容翔实，是一套体系完整、专业性强的高水平科研工程专著。我相信，本卷丛书可以为广大水利水电行业专业人员提供技术参考，也能为相关科研人员提供更多的创新性思路，具有较高的学术价值。

中国工程院院士　钟登华

2021 年 1 月

糯扎渡水电站是澜沧江中下游河段水电梯级开发规划"二库八级"中的第五级。工程以发电为主，兼有下游景洪市（坝址下游约 110km）的城市、农田防洪及改善下游航运等综合利用任务。工程于 2004 年 4 月开始筹建，主体工程于 2006 年 1 月开工，2014 年 6 月完建。建成时为我国已建第四大水电站、云南省境内最大水电站。

水电站总装机容量为 585 万 kW，保证出力为 240.6 万 kW，多年平均年发电量为 239.12 亿 kW·h，相当于每年为国家节约 956 万 t 标准煤，减少二氧化碳排放量 1877 万 t。水库总库容为 237 亿 m^3，具有多年调节特性。总投资为 611 亿元，为云南省单项投资最大工程。枢纽工程由心墙堆石坝、左岸开敞式溢洪道、左岸泄洪隧洞、右岸泄洪隧洞、左岸地下式引水发电系统等建筑物组成。心墙堆石坝最大坝高 261.5m，为国内已建最高土石坝，居世界第三；开敞式溢洪道规模居亚洲第一，最大泄洪流量为 31318m^3/s，泄洪功率为 5586 万 kW，居世界岸边溢洪道之首；地下主、副厂房尺寸为 418m×29m×81.6m（长×宽×高），地下洞室群规模居世界前列。

21 世纪初，随着国家能源发展和西部大开发战略的实施，高坝大库水利水电工程建设如火如荼，但对于 200m 以上高心墙堆石坝，我国尚缺乏设计、建设和运行管理经验，如何实现心墙堆石坝从 200m 级向 300m 级跨越，还有许多技术难题亟待解决。糯扎渡水电站工程地处构造软岩地区，是国内首座 300m 级高土石坝，泄洪流量及泄洪功率也均名列世界前茅，地下洞室群规模巨大且地质条件复杂，这些都对糯扎渡水电站的工程技术和质量提出了更高的要求。

针对 300m 级高土石坝枢纽工程在设计施工过程中遇到的技术难题，糯扎渡工程设计者与其他建设者一起大胆设想、小心求证、准确判断、勇于采用新技术，进行了大量分析计算和试验研究，进行了大幅度的设计优化，率先运用黏土心墙掺砾工艺，创新性地应用数字大坝安全评价与预警系统，优化设计水轮发电机组的结构和技术参数，实施水电站分层取水方案，建成生物多样性保护设施，实现生产废水、生活污水"零排放"等，产生了诸多创新技术，使糯扎渡工程在设计和施工过程中遇到的技术难题——化解，在节约工程投资的同时创造了更多的经济效益，并推动了水电工程技术的发展。

全书共 14 章。第 1 章介绍工程概况、特点、建设历程、运行现状和社会经济效应。第 2 章介绍工程建设条件，包括水文气象条件和工程地质条件。第 3 章介绍工程勘察创新技术，包括工程地质分区规划、花岗岩构造软弱岩带试验研究、三维地质建模与分析关键技术。第 4 章介绍心墙堆石坝创新技术，包括超高心墙堆石坝筑坝成套技术、计算分析方法、设计准则和施工质量实时监控技术，针对"高水头、大体积、大变形"条件下超高心墙堆石坝的上述关键技术问题开展系统深入的研究，以满足西部大型水电站建设的需求。第 5 章介绍泄洪建筑物工程的创新技术，包括消力塘设计、超高速水流的溢洪道掺气设计、大泄量、高水头泄洪隧洞掺气设计、高强度抗冲磨混凝土材料及温控设计。第 6 章介绍引水及尾水建筑物工程的创新技术，包括大型水电站叠梁门分层取水进水口设计与尾水调压室的优化设计。第 7 章介绍发电厂房建筑物创新技术，包括地下洞室支护的设计优化与大型水电站机墩蜗壳型式的创新研究。第 8 章介绍导截流建筑物工程的创新技术，包括大断面导流隧洞通过不良地质段的施工技术、浅埋渐变段的开挖支护技术与 80m 级土工膜防渗体围堰技术。第 9 章介绍机电工程创新技术，包括水轮机发电机组创新、电气设计技术创新、水电站保护控制系统创新、消防及通风系统创新、通信系统创新、泄洪闸门创新以及厂房三维系统设计创新等。第 10 章介绍安全监测与评价工程的创新技术，包括 300m 级高心墙堆石坝安全监测关键技术与预警信息管理系统，实现了与应急预案的联动，该系统集成了实时监测数据采集与动态反馈分析，可以不断修正和完善不同时期、不同工况下大坝安全评价指标，真正实现了大坝建设和运行期的实时安全评价。第 11 章介绍生态环境工程的创新技术，创新性地提出了生态保护"两站一园"思路并成功实施，实施叠梁门分层取水，水土保持与砂石废水处理，最大程度减缓了因工程建设产生的不利环境影响，成为开发与保护并重的工程典范。第 12 章介绍征地移民工程中的创新，包括糯扎渡水电站建设征地移民安置工作在移民安置方式、移民补偿补助政策、移民后期扶持规划、项目规划设计理念、移民安置实施管理模式等方面进行的众多创新与实践。第 13 章介绍糯扎渡水电站在数字化技术方面的应用，突出了工程数字化对于改进和优化设计、施工方案，提高设计、施工效率，保障工程质量和安全，为设计和施工决策提供及时、可靠、直观形象的信息支持等方面发挥的重大作用。第 14 章对全书内容进行总结。

在研究过程中，工程设计人员进行了多方法计算分析、室内室外试验及多方案比选，经历了"引进、消化、吸收、再创新"阶段，最终取得了丰硕的研究成果。本书以直接参与工程设计研究的糯扎渡水电站设计项目部工程技术人员为主要编写人员，从工程技术人员的角度出发，着重反映相关技术的国内外发展水平、解决问题的思路与方法、主要研究内容和成果及应用情况，力求在理论和方法上有所创新。

本书第 1 章由张宗亮编写，第 2 章由李宝全编写，第 3 章由刘兴宁、李宝全编写，第 4 章由张宗亮、袁友仁编写，第 5 章由郑大伟、冯业林编写，第 6 章由赵洪明、高志芹编写，第 7 章由沐青编写，第 8 章由李仕奇、张发瑜编写，第 9 章由邵光明、姚建国编写，第 10 章由邹青、谭志伟编写，第 11 章由张荣、李英编写，第 12 章由朱兆才、李红远编写，第 13 章由严磊、刘兴宁编写，第 14 章由张宗亮编写。全书由张宗亮统稿，张社荣、张丙印审稿。

本书所引用的成果主要来源于糯扎渡水电站可行性研究、招标设计、施工图设计等阶段完成的各项设计和专题研究成果，其中包括中国水利水电科学研究院、中国科学院武汉岩土力学研究所、清华大学、天津大学、云南大学等单位的合作成果，各项成果的形成均得到水电水利规划设计总院以及水电站建设单位华能澜沧江水电股份有限公司等单位的大力支持和帮助，在此谨对以上单位表示诚挚的感谢！

本书在编写过程中得到了中国电建集团昆明勘测设计研究院有限公司各级领导和同事的大力支持和帮助，中国水利水电出版社也为本书的出版付出诸多辛劳，在此一并表示衷心感谢！

限于作者水平，谬误和不足之处在所难免，恳请批评指正。

编者

2020 年 11 月

目　录

第 1 章

综述

1.1 工程概况

糯扎渡水电站位于云南省普洱市境内，是澜沧江中下游河段水电梯级开发规划"二库八级"中的第五级，距昆明直线距离为350km，距广州直线距离为1500km，作为国家实施"西电东送"的重大战略工程之一，对南方区域优化电源结构、促进节能减排、实现清洁发展具有重要意义。

糯扎渡水电站以发电为主，兼有下游景洪市（坝址下游约110km）的城市、农田防洪及改善下游航运等综合利用任务。水电站总装机容量为585万kW，是我国已建第四大水电站、云南省境内最大水电站。水电站保证出力为240.6万kW，多年平均年发电量为239.12亿kW·h。水库总库容为237亿m^3，具有多年调节特性。总投资为611亿元，为云南省单项投资最大工程。

糯扎渡水电站枢纽工程由心墙堆石坝、左岸开敞式溢洪道、左岸泄洪隧洞、右岸泄洪隧洞、左岸地下式引水发电系统等建筑物组成。心墙堆石坝最大坝高为261.5m，为国内已建最高土石坝，居世界第三；开敞式溢洪道规模居亚洲第一，最大泄洪流量为31318m^3/s，泄洪功率为5586万kW，居世界岸边溢洪道之首；地下主副厂房尺寸为418m×29m×81.6m（长×宽×高），地下洞室群规模居世界前列。糯扎渡水电站是世界最具代表性的土石坝枢纽工程。糯扎渡水电站枢纽全景见图1.1-1。

图1.1-1 糯扎渡水电站枢纽全景

1.2　工程设计的特点和难点

（1）工程坝址区河谷呈 V 形，两岸山体雄厚，右岸高程 1000.00m 以下平均坡度约为 40°，以上平均坡度约为 9°；左岸高程 850.00m 以下平均坡度约为 45°，左岸高程 850.00m 左右为一宽大的侵蚀平台地形，侵蚀平台在平面上呈梯形，临河侧长约 700m，靠山侧长约 250m、宽约 700m，平台上游为勘界河，下游为糯扎支沟，为心墙堆石坝布置溢洪道提供了较好的地形地质条件。

（2）坝址区分布的岩层主要为花岗岩和 T_2m 砂泥岩地层（主要分布于左岸坝顶以上平台部位），坝基部位主要为花岗岩，岩性单一。坝址河床及左岸岩体风化浅、断层规模小而且少，岩体完整性较好。坝址右岸断层发育，对工程影响较大的断层有 NNW 向的 F_{11}、F_{12}、F_{13} 和 NNE 向的 F_5、F_{14} 等。NNW 向断层间距小，影响带宽，断层带及其两侧岩体风化、蚀变强烈，并沿 F_{12}、F_{13} 断层形成了规模较大的构造软弱岩带，坝基地质条件较为复杂。经综合比较，选择了能较好适应坝基工程地质条件且基础处理工程相对较为简单的心墙堆石坝坝型。

（3）心墙堆石坝高 261.5m，仅次于塔吉克斯坦的努列克坝（高 300m）和哥斯达黎加的博鲁卡坝（高 267m），名列国内第一、世界第三。工程规模大、技术难度高。

（4）工程校核洪水标准（PMF）时总泄洪流量为 37532m³/s，泄洪功率为 66940MW，泄洪流量及泄洪功率均名列世界前茅，特别是岸边溢洪道的泄流量（PMF）为 31318m³/s 时，泄洪功率为 55860MW，最大流速为 52m/s，其泄洪功率居岸边溢洪道世界第一，泄水建筑物的布置和设计均有较大难度。

（5）引水发电系统布置在左岸地下，水电站总装机容量为 5850MW，单机容量为 650MW，机组台数为 9 台，单机引用流量为 393m³/s。主厂房、主变室及调压室最小覆盖层厚度为 180m，距坝基最下 150m，距坝址区规模最大的断层 F_1 最小距离约 200m。同时，地下洞室布置还需尽量远离 F_3 断层，以避开其影响。地下洞室开挖尺寸主副厂房总长为 418m×29m×81.6m（长×宽×高），主变室为 348m×19m×38.6m（长×宽×高），尾水调压室为 31m×92.3m（长×宽）。地下洞室群不仅规模巨大，而且工程地质条件比较复杂，设计难度较大。

1.3　工程勘察设计研究与工程建设简要历程

1984 年，水利电力部昆明勘测设计院（现为中国电建集团昆明勘测设计研究院有限公司，以下简称"昆明院"）进点勘察。

1986 年 12 月，昆明院编制的《云南省澜沧江中下游河段规划报告（功果桥—南阿河口）》提出了澜沧江中下游河段"二库八级"方案。该报告由原水电部于 1987 年 6 月以（87）水电水规字第 39 号文批复同意。

1993 年 8 月，能源部水利部昆明勘测设计研究院（现为昆明院）完成了《糯扎渡水电站坝址选择专题报告》。

1995 年 12 月，电力工业部昆明勘测设计研究院（现为昆明院）提出了《糯扎渡水电站工程预可行性研究报告》。

1998 年 10 月，国家电力公司昆明勘测设计研究院（现为昆明院）完成了《糯扎渡水电站预可行性研究报告（修改补充）》。

1999 年 10 月，原国家电力公司以国电水规〔1999〕507 号文批复了预可行性研究报告。

2001 年 2 月 18 日，云南澜沧江水电开发有限公司（现为华能澜沧江水电股份有限公司）正式委托国家电力公司昆明勘测设计研究院编制可行性研究报告并签订工作合同。

2001 年 12 月，国家电力公司昆明勘测设计研究院完成了《云南澜沧江糯扎渡水电站可行性研究阶段枢纽布置格局与坝型选择报告》及附件；2002 年 1 月，中国水电顾问集团公司以水电顾水工〔2002〕0001 号文印发审查意见，审查同意昆明院推荐的心墙堆石坝坝型以及左岸布置开敞式溢洪道与地下引水发电系统、岸边布置泄洪隧洞的枢纽布置格局。

2003 年 6 月，国家电力公司昆明勘测设计研究院完成了《云南省澜沧江糯扎渡水电站可行性研究报告》及附图集、62 项专题报告和 55 项科研报告；2004 年 6 月，水电水利规划设计总院以水电规水工〔2004〕0013 号文印发审查意见，认为《云南省澜沧江糯扎渡水电站可行性研究报告》满足该阶段设计深度和内容的要求。

2005 年 8 月 20—29 日，中国国际工程咨询公司受国家发展和改革委员会的委托，对《云南省澜沧江糯扎渡水电站项目申请报告》进行评估，并于 2006 年 3 月以咨能源〔2006〕135 号文印发评估报告。

2004 年 1 月，筹建工作启动；2004 年 4 月 2 日，筹建期项目正式开工。

2006 年 1 月 29 日，右岸导流隧洞、右岸泄洪隧洞工程开工建设；2007 年 11 月 4 日，实现大江截流。

2008 年 12 月，心墙区开始填筑。

2009 年 10 月，机组开始安装。

2011 年 3 月，糯扎渡水电站工程通过国家发展和改革委员会关于云南澜沧江糯扎渡水电站项目核准的批复函核准批复。

2011 年 10 月，糯扎渡水电站枢纽工程蓄水安全鉴定通过中国水电顾问集团专家鉴定；2011 年 11 月 24 日，工程顺利通过下闸蓄水验收。

2011 年 11 月 6 日，1 号、2 号导流隧洞下闸；2011 年 11 月 29 日，3 号导流隧洞下闸；2012 年 2 月 8 日，4 号导流隧洞下闸；2012 年 4 月 18 日，5 号导流隧洞下闸。

2012 年 7 月，召开机组启动验收委员会第一次会议；2012 年 8 月 16 日，召开机组启动验收委员会第二次会议。

2012 年 8 月 20 日 8 时，首台机组（9 号机）进入 72h 试运行，23 日 8 时 9 号机并网发电，带负荷 480MW。

2012 年 9 月 6 日，云南省人民政府、华能集团举行首台机组发电庆典仪式。

2012 年 12 月 18 日，大坝填筑至高程 821.50m，实现顺利封顶。

2013 年 10 月，水库达到正常蓄水位，挡水水头为 252m。

2014 年 6 月 26 日，9 台机组全部投产发电，工程竣工。

　　2014 年 12 月 14 日，通过了由中国水电工程顾问集团有限公司组织的枢纽工程竣工安全鉴定。

　　2016 年 5 月 18 日，通过了云南省发展和改革委员会和水电水利规划设计总院组织的枢纽工程专项验收。

1.4　工程安全运行情况

　　2012 年 8 月 23 日，水电站首台机组投产发电，2014 年 6 月 26 日，水电站 9 台机组全部高质量投产发电。截至 2019 年 10 月 31 日，机组安全运行 2625 天，对云南省培育以水电为主的电力支柱、打造国家清洁能源基地和带动地方经济社会发展发挥重要作用。

　　水电站自 2011 年 11 月下闸蓄水以来，历经 8 个洪水期考验，其中 4 次超过正常蓄水位，挡水水头超过 252m。初期运行及安全监测成果表明，枢纽工程、机电工程及水库库岸各项指标与设计吻合较好，水电站运行良好，在中国工程界有良好的信誉和品牌优势，被著名水电工程专家、中国工程院院士谭靖夷先生誉为"无瑕疵工程"。糯扎渡水电站实景见图 1.4 - 1。

图 1.4 - 1　糯扎渡水电站实景

　　（1）挡水建筑物。心墙堆石坝挡水实景见图 1.4 - 2，坝后量水堰实景见图 1.4 - 3。2013—2017 年，坝体最大沉降为 4.2m，约为最大坝高的 1.6%，坝顶最大沉降为 0.8m，远小于国内外已建同类工程。坝体内部沉降总体分布特征与有限元计算结果大体一致，符合预期，坝体表面未发现明显裂缝。自 2013 年蓄至正常蓄水位以来，在历年高水位情况下，坝基廊道总渗流量为 3.59～7.99L/s（2013 年），坝后量水堰总渗流量为 16.01～

图 1.4-2　心墙堆石坝挡水实景

26.79L/s（2016 年），坝基廊道和坝后量水堰渗流量之和为 19.6～32.75L/s（2016 年）。以上主要变形及渗流实测值远小于国内外已建同类工程。C—C 断面（坝 0+309.600）心墙沉降过程曲线见图 1.4-4，大坝量水堰典型流量时程曲线见图 1.4-5。

图 1.4-3　坝后量水堰实景

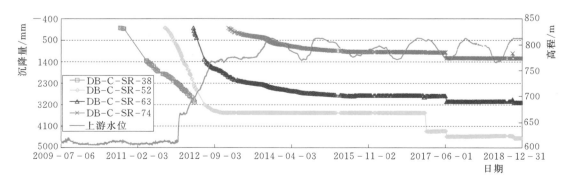

图 1.4-4　C—C 断面（坝 0+309.600）心墙沉降过程曲线

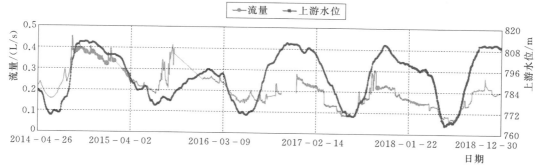

图 1.4-5　大坝量水堰典型流量时程曲线

（2）泄水建筑物。2014年水电站蓄水顺利，昆明院在业主的支持和委托下，利用汛期泄洪弃水，左岸、右岸泄洪隧洞及溢洪道顺利通过高水位泄洪检验，安全监测信息表明工程工作状态正常，设计方案合理。左岸、右岸泄洪隧洞高水位泄洪实景见图1.4-6，溢洪道高水位泄洪实景见图1.4-7，右岸泄洪隧洞洞身典型多点位移计位移时程曲线与典

图 1.4-6　左岸、右岸泄洪隧洞高水位泄洪实景

图 1.4-7　溢洪道高水位泄洪实景

型锚杆应力计应力时程曲线见图 1.4-8 和图 1.4-9。溢洪道典型应变量-温度时程曲线、闸墩典型钢筋应力-温度时程曲线、典型锚杆应力计应力-温度时程曲线见图 1.4-10～图 1.4-12。

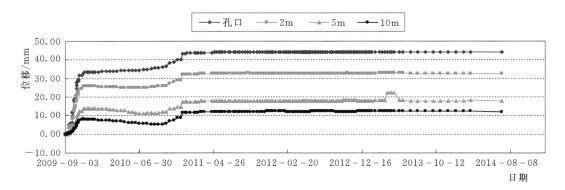

图 1.4-8　右岸泄洪隧洞洞身典型多点位移计位移时程曲线

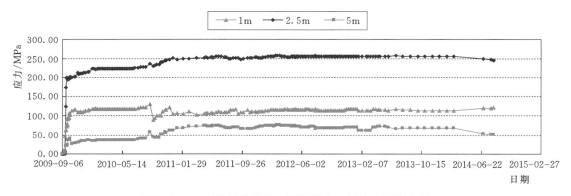

图 1.4-9　右岸泄洪隧洞典型锚杆应力计应力时程曲线

图 1.4-10　溢洪道典型应变量-温度时程曲线

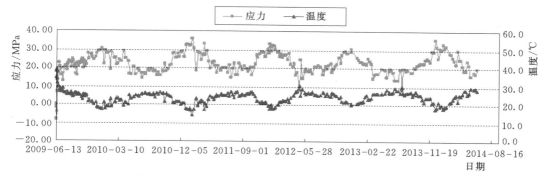

图 1.4-11 溢洪道闸墩典型钢筋应力-温度时程曲线

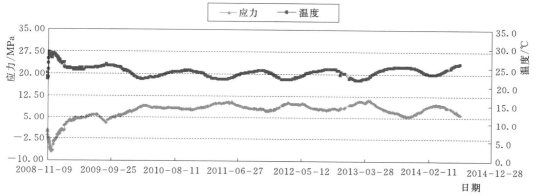

图 1.4-12 溢洪道典型锚杆应力计应力-温度时程曲线

（3）引水发电系统。2014 年，9 台发电机组已全部投产运行，安全监测信息表明引水发电系统工作状态正常，设计方案合理。9 台发电机组全部投产发电实景见图 1.4-13，主厂房 C—C 断面典型多点位移计绝对位移时程曲线与锚杆应力计应力时程曲线见图 1.4-14 和图 1.4-15。

图 1.4-13 9 台发电机组全部投产发电实景

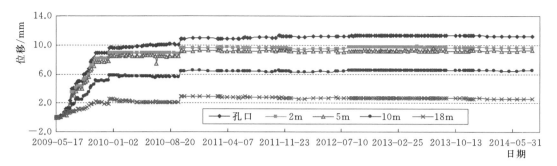

图 1.4 - 14 主厂房 C—C 断面典型多点位移计绝对位移时程曲线

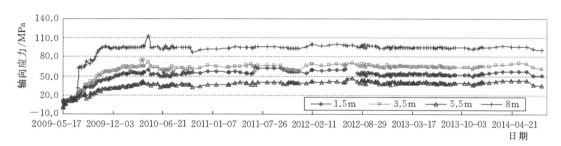

图 1.4 - 15 主厂房 C—C 断面典型锚杆应力计应力时程曲线

1.5 社会经济效益及获奖情况

糯扎渡水电站工程在勘察设计、施工建设过程中，紧密结合工程需求大胆创新，推广应用新设备、新技术、节能环保等科技成果，确保了工程安全、优质、环保、高效地完成，取得了显著的社会经济效益。

糯扎渡水电站加入云南省水电站群联合补偿后，使全省水电站群的保证出力由 553.3 万 kW·h 提高到 612.3 万 kW·h，并使 24.92 亿 kW·h 的汛期电量转变为枯期电量，极大地改善了云南省水电站群的电能质量，为大湄公河次区域电力贸易提供了强大支撑。截至 2016 年年底，水电站 9 台机组均高质量发电，自首台机组发电以来累计发电 869.5 亿 kW·h。水电站已累计上缴各类税费超过 126 亿元，成为当地政府稳定持续的税源，巨额税费直接转化为带动地方经济发展的动力，有效地推动了地方经济增长，促进了当地百姓就业，创造了良好的经济效益和社会效益。

糯扎渡水电站从设计之初就非常重视工程与自然环境结合，通过实施"两站一园"、叠梁门分层取水、施工期废水污水处理站、垃圾填埋场、水土保持绿化工程等一系列措施，最大程度减缓了因工程建设产生的不利环境影响，实现了水电开发与生态环境保护相得益彰，成为中国绿色水电示范工程。

糯扎渡工程共获国家科技进步奖 6 项，省部级科技进步奖 20 余项，省部级优秀工程勘察设计奖 10 余项。荣获第十五届中国土木工程詹天佑奖、国际菲迪克（FIDIC）2017

年工程项目优秀奖及第四届堆石坝国际里程碑工程奖。

1.6 工程设计理念

在充分总结糯扎渡等大型水电站工程实践的基础上，昆明院凝练提出了"昆明院工程设计理念"：保证工程安全，准确认识自然；注重节能环保，节约自然资源；做好移民安置，推进技术创新；降低工程造价，提高综合效益，并分解为各大专业的质量目标。

（1）规划专业：合理利用资源，发挥综合效益。

（2）地质专业：客观研判地质，夯实建设基础。

（3）水工专业：利用自然条件，工程安全经济。

（4）施工专业：施工规划适宜，优化资源配置。

（5）机电专业：设备选择科学，布置紧凑合理。

（6）移民专业：做好移民规划，保障可持续发展。

（7）环保专业：开发保护并重，建设生态水电。

（8）信息专业：集成全程数据，提升工程质量。

1. 保证工程安全

从广义上讲，工程安全指工程相关方的权益不能因为工程建设与运行受到损害。设计产品和服务应当对项目提供全方位的安全保证：①保证设计质量。②保证合理的建设工期。③保证项目在建设期与运行期各种可能环境下工程自身安全。④保证对社会、自然环境及公共安全的不利影响控制在可接受范围内。⑤保证项目投资人投入的资金和回报等相关利益。

2. 准确认识自然

准确认识自然是大型工程开发建设的先决条件。水利水电工程属于复杂的大型工程，工程的开发建设具有不可逆性，工程建成后一般不可能推倒重来。工程建设是认识自然、改造自然的过程，这就要求工程建设必须准确认识自然条件，力求设计与自然条件协调一致。认识自然条件是勘测设计工作的起点，对后续设计产品质量以及工程投资收益具有决定性影响。

准确认识自然包括对工程所在地的气象水文、地形、地质、社会人文与经济发展水平等方面的数据、信息的收集、处理与研判，提出正确的设计基础信息、数据。认识自然是一个过程，其时间维度跨越工程开发建设的完整周期，空间维度涵盖勘测、设计、科研各专业，以及全部工程的参与方和相关方。在认识自然的过程中，勘测、设计及科研无疑扮演了核心与主导的权威作用，承担着不可推卸的责任。

认识自然的能力、水平、成本及周期是勘测设计企业核心竞争能力的重要组成部分。因此，不论是从企业自身发展需要出发，还是从提升竞争能力与价值创造能力出发，都应当积极应用现代化生产手段大幅度提升认识自然的能力和水平，大幅度减少生产成本，缩短生产周期，提高生产效率，为创建精品工程提供重要保障。

3. 注重节能环保

水利水电工程建设是人为改造自然环境的活动，具有一次性、不可逆的特点，尤其是

11

水电工程，设计人员应当对项目区环境特征及其功能要求有清晰的认识，贯彻建设资源节约型、环境友好型社会的理念。开发建设真正环保型、生态型的水电工程已经成为我们的神圣使命和责任。按照"在开发中保护，在保护中开发"的原则，在规划、方案策划、项目实施、运行的各个阶段，采取科学有效的手段，通过优化设计方案以避免或减缓项目对环境的不利影响。环保措施要与工程建设有机结合。

被动执行国家相关环保政策法规，简单照搬环保措施和方法，很容易导致工程投资的快速增加，恶化项目的投资收益。环境是可以通过人工进行改善的，工程是改善民生的有效途径和措施，要主动把改善环境、民生与工程投资收益有机结合，把水电工程升级为生态工程、民生工程。

降低能源消耗往往能够降低工程投资。要把降低能源消耗的视角扩大到工程的全生命周期。枢纽工程不但要控制施工过程中，如开挖、填筑、弃渣弃料、场内运输等方面直接消耗的能源，更要控制钢筋、水泥等人工建筑材料的用量，从而降低生产、运输这些人工材料的能源消耗。机电及金属结构等工程应当采用高效节能的设备和技术，降低工程运行期的能源消耗。

4. 节约自然资源

项目的实施必然消耗自然资源，设计应选择资源消耗较少的方案，尤其是提高项目对所利用资源的效率，并致力于资源的综合利用；工程选址及施工组织设计应尽可能减少对耕地、森林、矿产等自然资源的占用，尽可能避开自然保护区、文物古迹、居民点等敏感对象，实现资源可持续利用，保障社会经济的可持续发展。

节约自然资源往往能够降低工程投资，应当在进行枢纽布置设计、施工总布置设计、水库泥沙淤积和回水淹没计算、坝址选择、正常蓄水位拟定等过程中就引入节约自然资源的目标。

5. 做好移民安置工作

水电工程建设影响面广、情况复杂，做好移民安置既是"以人为本""保障民生"的具体体现，也是促进项目顺利报批、建设、使工程安全运行的基本保证，更是构建库区和移民安置区和谐社会、推进建设小康社会的需要。应树立"先移民，后建设"的理念，移民安置规划应以移民安置区环境容量为基础、移民安置还以可持续发展为原则；坚持"开发性移民"方针；贯彻以人为本、因地制宜、统筹兼顾、协调发展的思想。以实现"搬得出、稳得住、能致富、环境得到保护"和保证移民安置区社会长治久安、可持续发展的目标。

6. 推进技术创新

技术创新是设计的灵魂和技术进步与发展的动力。技术创新不仅是设计手段的创新，在工程、措施、设备、运行以及设计管理等方面，也要进行全方位的持续创新，保证昆明院能够在技术密集的设计行业中立足与发展。技术创新是推动企业发展的"核动力"，昆明院科技创新既要支持企业的经营与生产，又要不断提升服务水平，扩大服务范围；还要为实现昆明院国际化、多元化的发展战略目标提供强大的支持。

昆明院科技创新需进一步开展如下工作：①面向全生产流程实现生产手段的现代化，目的在于提高产品与服务质量，缩短生产周期，降低生产成本；扩大工程建设过程中的服务范围，即由仅提供技术文件扩大到提供工程建设管理、工程投产后的运维管理及后评价服务。②不断提升管理信息化程度，把昆明院的职能管理部门、履约单位打造为目标一致、行动协调的协同整体，提高企业管理的质量和效率。③高端切入，围绕规划设计、EPC 总承包及投资运营三大业务板块需求，通过持续创新，不断提升科技含量，最终形成差异化跨行业竞争的优势。

7. 降低工程造价

降低工程造价，保障投资人利益。工程造价的降低，也意味着控制了能源、材料的消耗，提高了项目的获利能力。工程的造价是各专业共同作用的结果，造价决定了项目的取舍，也成为判定设计成果成败的最终标准。降低工程造价本身是一项技术含量很高的工作，对水电工程而言，应当在枢纽工程、机电工程、水库工程、环保工程这四大板块同步开展。不但要控制工程的静态投资，还要控制工程的动态投资；不但要控制工程建设期的固定资产投资，还要控制工程运营期的投资；不但要降低工程的工程量，还要用好用足国家相关政策，为投资方争取最大的利益。总之，必须从全方位各层次采取有效措施，特别是更加注重多专业的协同优化设计才能取得较大的效果。

8. 提高综合效益

综合效益指的是经济效益和社会效益，是水电工程投资建设追求的最终目的。水电工程往往有多重开发任务，除了发电以外，还有防洪、航运、供水、灌溉、旅游等任务。防洪、航运、供水、灌溉、旅游为社会效益。受相关政策等因素的限制，社会效益是工程投资方的责任和义务，对工程投资方面付出的成本会挤压投资收益的空间，导致控制投资的压力加大。提高水电工程的综合效益不但要降低工程造价，更要提高工程的产出——电站发电量等。径流、洪水、水位流量关系、水库库容曲线、水库特征水位、四大工程板块工程量以及电站的运行方式等直接影响到电站的综合效益。

第 2 章

工程建设条件

2.1 水文气象条件

(1) 流域概况。澜沧江发源于青藏高原唐古拉山，流域位于东经 94°～102°、北纬 21°20′～33°40′，河流大体自北向南流，流域呈条带状。

澜沧江流域内自然地理条件差异大，大致分为三个地域。上游区位于青藏高原东南部，全区地势高峻，由西北向东南倾斜，平均海拔为 4510.00m；中游区位于横断山纵谷区，地面崎岖，流域窄处平均宽度约 30km，地势呈南北略偏东方向倾斜，平均海拔为 2520.00m；下游区纵贯云贵高原西部，地势自北向南逐渐降低，北部较崎岖，往南逐渐展开，水系发育，平均海拔为 1540.00m。

流域纵跨 12 个纬度，自然地理差异大，导致天气、气候在地区上和垂直方向上有明显的差异。上游区属青藏高原高寒气候区，地势高，空气稀薄，气温低；中游区属寒带至亚热带过渡性气候区，山高、谷深，立体气候显著；下游区属亚热带气候区，地势低，气温高。从整个流域看，属大陆季风气候，干、湿季节分明。

根据澜沧江干流所设的四个水文站的观测资料，溜筒江水文站处多年平均年径流量为 252.9 亿 m³，旧州水文站处为 294.9 亿 m³，戛旧水文站处为 399.2 亿 m³，允景洪水文站处为 566.1 亿 m³，推算至澜沧江关累港断面处的多年平均年径流量约为 640 亿 m³。

(2) 气象。水电站位于低热河谷区，长夏无冬，气温高，降水量充沛。1991 年 4 月开始在坝段进行气象观测和水温观测。

(3) 水文基本资料。水电站位于戛旧和允景洪水文站之间，其水文设计的主要依据站为戛旧及允景洪水文站。戛旧水文站集水面积为 11.46 万 km²，其实测（含复核修正）水文资料年限为 1957 年 1 月至 1999 年 12 月；允景洪水文站集水面积为 14.91 万 km²，其实测（含复核修正）水文资料年限为 1955 年 6 月至 1999 年 12 月。这两个水文站均为国家基本水文站，资料系列较长，质量较高。

2.2 工程地质条件

2.2.1 坝址区工程地质分区规划

坝址区工程地质条件复杂，岩体风化程度、构造发育程度等均呈现很大的不均一性。在详细分析坝址区地层岩性、地质构造、风化卸荷、地下水等基本地质条件的基础上，参考岩体质量综合分类的方法，将坝址区工程地质条件按不同等级从好至差分为 A、B、C、D、E、F 六个区。

(1) A 区位于坝址右岸构造软弱岩带（约高程 650.00m 以下）、河床及左岸 F₃ 断层影响带上游的花岗岩体分布区。该区岩性主要为花岗岩；Ⅲ～Ⅴ级结构面一般发育，Ⅲ级结构面发育间距约为 85m，Ⅳ级结构面发育间距约为 23.5m；岩体风化浅、完整性好。据统计，全风化带底界垂直深度为 0～10m，强风化带为 10～20m；强卸荷带发育深度一

般小于 $10 \sim 30 m$。在心墙坝基部位岩体结构多为镶嵌碎裂和次块状结构，坝基岩体质量以Ⅲ类为主；地下厂房区的岩体多为块状和次块状结构，属Ⅱ类、Ⅲ类围岩。该区在枢纽区中工程地质条件最好。

（2）B区位于左岸 F_1 断层影响带下游部位的花岗岩体分布区，断层发育，Ⅲ级结构面较少，Ⅳ级、Ⅴ级结构面较发育，Ⅳ级结构面发育间距为 $5 \sim 20 m$；岩体风化较浅，完整性较好，据统计全风化带底界垂直深度为 $0 \sim 14 m$，强风化带为 $15 \sim 35 m$；强卸荷带发育深度约为 $15 m$。溢洪道边坡开挖面和建基面部位的岩体结构多为镶嵌碎裂、次块状和块状结构，该区在枢纽区中工程地质条件较好。

（3）C区位于坝址左岸 $T_2 m^1$ 沉积岩的分布区（不含 F_3、F_1 断层之间的沉积岩分布区）。该区岩性为 $T_2 m^1$ 中厚层状的砂泥岩；Ⅲ级结构面较少，陡倾角的Ⅳ级结构面发育间距大于 $25 m$，缓倾的层间挤压带（或挤压面）较发育，一般分布在软硬岩石接触部位，属Ⅴ级结构面的节理较发育；风化较浅，据统计全风化带底界垂直深度为 $2 \sim 6 m$，强风化带为 $4 \sim 10 m$；由于 $T_2 m^1$ 多分布在山顶或缓坡地带，卸荷作用不明显。但在陡坡部位卸荷发育深度一般在 $30 m$ 以上。溢洪道主要布置在该区中，该部位岩体结构多为镶嵌碎裂、碎裂和次块状结构，该区在枢纽区中工程地质条件一般。

（4）D区位于 F_1 断层影响带下游河床及右岸部位的花岗岩体分布区，断层发育，Ⅲ级结构面平均发育间距为 $58 m$，Ⅳ级结构面平均发育间距约为 $10 m$；岩体风化较深，据统计高程 $610.00 m$ 以上全风化带底界垂直深度为 $0 \sim 27 m$，强风化带为 $0 \sim 33 m$，高程 $610.00 m$ 以下（包括河床）基本无全风化，强风化带深度为 $33 \sim 53 m$；右岸强卸荷带发育深度为 $20 \sim 29 m$。溢洪道冲刷坑位于该区河床，冲刷区部位多为碎裂结构岩体；冲刷区对岸高程 $610.00 m$ 以上山坡多为碎裂、散体结构岩体，高程 $610.00 m$ 以下山坡多为碎裂、镶嵌碎裂结构岩体。该区在枢纽区中工程地质条件较差。

（5）E区位于坝址右岸构造软弱岩带，约高程 $650.00 m$ 及以上、F_3 断层影响带上游的花岗岩分布区，构造复杂，Ⅲ～Ⅴ级结构面发育，Ⅲ级结构面发育间距约为 $35 m$，Ⅳ级结构面发育间距约为 $11 m$，右岸构造软弱岩带分布在该区下部；岩体风化深度大，全风化带底界垂直深度为 $0 \sim 70 m$，强风化带为 $20 \sim 130 m$；强卸荷带发育深度一般为 $20 \sim 70 m$。岩体结构多为碎裂、镶嵌碎裂和散体结构，在心墙部位坝基岩体质量以Ⅳa类及Ⅳb类为主。该区在枢纽区中工程地质条件差。

（6）F区位于 F_3、F_1 断层之间及两断层上、下盘的影响带部位。岩性为花岗岩和 $T_2 m^1$ 砂泥岩，断层发育，属Ⅱ级结构面的断层有 F_3、F_{35}、F_1 等；受其影响，Ⅲ级、Ⅳ级、Ⅴ级结构面很发育，Ⅲ级、Ⅳ级结构面（包括挤压面、挤压带、小断层、大断层等）的发育间距为 $5.6 m$，Ⅴ级结构面发育组数多而密集，且节理面性状较差；岩体风化深，完整性很差。溢洪道建基面处多为碎裂和散体结构，尾水隧洞通过部位的围岩类别多为Ⅳ类、Ⅴ类。该区在枢纽区中工程地质条件很差。

枢纽区建筑物布置充分考虑了工程地质条件，做到了因地制宜。除坝体右坝肩和溢洪道中后段无法避开E区和F区外，主要建筑物均置于A区和B区。

2.2.2　进水口及溢洪道开挖料填坝料勘察

水电站进水口及溢洪道开挖石料总方量为 0.3917 亿 m^3，为充分利用开挖料从而节约大量资金，对水电站进水口及溢洪道开挖区进行了详查级石料勘察。根据勘察成果以及施工期揭露的实际情况，对开挖料进行分类。

为详细查明溢洪道及水电站进水口开挖料的数量和品质，按 120m 左右的间距呈网格状共布置钻孔 20 个（孔深均达到设计工程开挖线底板以下 5.0m），总进尺为 2537.69m；平洞 6 个，总深度为 689.30m；共取物理力学性试验样品 50 组。

根据岩石物理力学试验成果，结合设计对坝料分区的要求，对各种开挖料评价如下。

（1）第四系松散层（包括滑坡体和坡积层），全风化砂、强风化砂、泥岩和全风化花岗岩多为黏性土和砾质土或砂性土，均不能作堆石料，为弃料。

（2）弱风化及以下岩石湿抗压强度平均值：泥岩为 8.8MPa、粉砂质泥岩为 13.6MPa，属软岩，且具崩解性（泥质含量越高，崩解性越强），不宜作为堆石料，以上两种岩层多为中厚层状构造，少量为薄层或厚层状，夹于其他中、硬岩中，对于集中分布或有一定厚度的上述岩层，予以剔除。

（3）在强风化花岗岩中共进行了 19 组岩石湿抗压强度试验，其平均值为 16.0MPa，属软岩，区间值为 3.7～33.8MPa；在 19 组试样中，有 11 组的试验成果小于平均值，占试验组数的 58%；试验值小于 10MPa 的有 6 组，占 32%。试验成果说明强风化花岗岩不但强度低，且变化大，均一性差，不宜作为主堆石区堆石料，可考虑作干燥区堆石料。实际应用于坝下游 II 区料（干燥区）。

（4）弱风化及以下岩石湿抗压强度平均值：泥质粉砂岩、粉砂岩和细砂岩为 40～50MPa，属中硬岩，结合岩石为泥质胶结、湿抗压强度相对较低、耐久性较差等情况，此类岩石宜作为次堆石区堆石料使用。实际应用于坝上、下游的 II 区料。

（5）弱风化及以下的砂砾岩、角砾岩和花岗岩的 RQD 值多大于 70%，岩体的完整性较好；岩石湿抗压强度平均值：砂、砾岩为 93.1MPa、角砾岩为 86.5MPa、花岗岩为 97.7MPa，属抗侵蚀、耐风化的坚硬岩石，干密度大于 2.4g/cm³，宜作为堆石料、反滤料及混凝土人工骨料。

根据地形地貌、地层岩性和地质构造及工程部位不同，将进水口及溢洪道开挖分为三个区：I 区为水电站进水口地段，为水电站进水口引渠及塔基的开挖范围；II 区为溢洪道引渠及缓流段部位；III 区为溢洪道消力塘段范围内。其中在 II～III 区之间，由于地层不完整，开挖时需要经过糯扎支沟、糯扎沟。此外，该区域还存在 F_1、F_{35} 和 F_3 等 II 级断层，且断层间岩体破碎，完整性差，风化强烈，岩块强度低，故该段的溢洪道开挖料视情况作为坝上、下游的 II 区料。

2.2.3 坝基右岸断层渗透变形现场试验

水电站为高坝大库，大坝壅水高达 200 余米。坝基右岸岩体，尤其是构造软弱岩带中顺河分布的 F_{12}、F_{13} 断层，可能为一个潜在的渗漏通道，影响水库的蓄水并危及大坝的安全。断层破碎带现场渗透变形试验就是模拟水电站建成后的水力学条件，以了解断层破碎带及其影响带在高水头压力下的透水率变化情况，以及产生渗透破坏的形式（流土或管涌）等，为工程区渗流场的计算和防渗设计提供可靠的资料。

试验成果表明，F_5 断层破碎带产生渗透变形破坏的临界水力坡降为 6，破坏水力坡降为 18。F_{13} 断层破碎带在 PD205 钻孔中产生渗透变形破坏的临界水力坡降为 4，破坏水力坡降为 13.3。F_{12} 断层破碎带产生渗透变形破坏的临界水力坡降为 12，破坏水力坡降为 30。水电站正常蓄水位为 812.00m，最大水头高度为 212m 左右，由于选定的黏土心墙堆石坝防渗层宽度大，加上上述三条断层走向基本顺河流及斜向右岸山体内展布，蓄水后的渗透途径大于 200m，即断层破碎带在正常蓄水位条件下的水力坡降不大于 1，与现场渗透变形试验的临界水力坡降或破坏坡降相差很多，故水电站的修建，从理论上讲库水不会沿上述三条断层带产生渗漏，不会对断层破碎带物质产生冲蚀破坏，也不会对大坝造成危害。

2.2.4　高压压水试验

水电站坝前水位高达 212.00m，坝基岩体承受的水压力巨大。由此需对河床坝基和坝址右岸构造软弱岩带的岩体进行钻孔高压压水试验，以了解岩体在高水头压力下产生劈裂的临界水压力、岩体裂隙对高压水流长时间冲蚀作用的抵抗能力等。

对左岸压力管道部位的岩体进行钻孔高压压水试验，了解岩体在不同高压水流下的透水性变化情况、岩体在高水头压力作用下的变形方式，以及岩体裂隙对高压水流长时间冲蚀作用的抵抗能力等，为压力管道的设计提供可靠的资料。

试验结果表明：坝址右岸在强风化、弱风化上部及构造软弱岩带内，由于岩体较破碎（包括部分微风化的次块状结构岩体），在较高水压力作用下，岩体中的裂隙会产生扩张，同时裂隙中的充填物也会被水流带走，造成压水流量的增大。其临界压力值较低，一般为 $0.60 \sim 1.00$MPa，P - Q 曲线类型多表现为 D 型（冲蚀型）。在微风化和弱风化下部的花岗岩中，大部分岩体完整，在 3.00MPa 的压力下一般不会产生新的裂隙，原有裂隙一般是闭合的或者被铁质和钙质充填，也不会被扩张；只会在部分地段产生较小的新裂隙或者原有裂隙被轻微扩张，且规模一般很有限。其临界压力值较高，一般为 2.50MPa 左右，P - Q 曲线类型为 D 型（冲蚀型）；在高压状态下岩体透水率与 1.00MPa 时相比，无明显的规律性，两者在量级上大致处于同一范畴。从 ZK481 钻孔高压压水试验成果看，坝址右岸岩体产生劈裂的最大深度不超过 137.72m。

坝址左岸临近河床部位在孔深 60m 以上，地下水流动受岩体中的裂隙状态影响，在 3.00MPa 压力下岩体和裂隙状态一般不会发生改变；在孔深 60m 以下地下水流动基本不受裂隙状态影响，在 3.00MPa 压力下仍然能够平稳地流动。根据 ZK530 钻孔高压压水试验资料，岩体产生劈裂的最大深度为 77.58m，临界压力为 2.00MPa。当水头压力大于 2.00MPa 后，岩体中局部裂隙扩张或者原有的已胶结裂隙重新破坏，但规模较小，只对该试验段地下水活动有影响。在高压力作用下，表部岩体中地下水运动主要表现为紊流；在孔深 60m 以上，高压力条件下岩体的透水率较 1.00MPa 压力条件下的透水率降低，但两者在量级上仍基本处于同一范畴。深部弱风化下部及微风化岩体中地下水运动主要表现为层流，两者的透水率变化不大。

地下厂房压力管道部位弱风化下部花岗岩的劈裂压力为 3.17MPa，相应透水率为 1.53Lu；微风化花岗岩的劈裂压力为 $5.00 \sim 7.00$MPa，相应透水率均小于 1.0Lu。常规钻孔压水试验成果表明，岩体透水率随深度增加而降低，变化明显，其值比同试验段单压力长时间的高压压水试验值高。高压压水试验典型过程曲线见图 2.2－1。

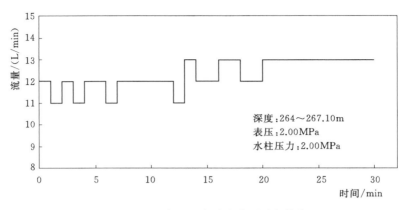

图 2.2－1　高压压水试验典型过程曲线

工程综合勘察

3.1 概述

3.1.1 工程勘察

1986 年 5 月，开始进行糯扎渡水电站的规划勘测工作，研究了上、下两坝段，并于同年提出了《澜沧江糯扎渡水电站规划阶段工程地质勘测报告》，并推荐上坝段（思澜公路 96~102km）为糯扎渡水电站坝段位置。

1989 年 10 月，开始进行糯扎渡水电站预可行性研究阶段的地质勘察工作，在规划阶段推荐的坝段内分上、下坝址进行地质勘察工作。

2000 年 5 月起，全面开展了可行性研究阶段的地质勘察工作。

2004 年，进入招标设计阶段及施工图设计阶段，主要勘察内容如下：

（1）汶川地震后，根据国家主管部门的有关要求对工程地震安全性评价进行了复核，并提供了新的地震动参数。

（2）枢纽区补充地质勘察工作。

（3）工程区临时建筑物勘察工作。

（4）现场施工地质。

（5）库区移民安置点地质勘察工作。

（6）工程验收地质报告、蓄水及发电安全鉴定报告。

该水电站完成的科研项目如下：

（1）糯扎渡水电站坝址区右岸软弱岩带（体）成因、特性及工程适宜性评价。

（2）糯扎渡水电站左岸地下洞室群及左岸系统工程地质研究。

（3）糯扎渡水电站坝址区水文地质条件分析及渗流场特性研究。

（4）糯扎渡水电站水库诱发地震危险性预测研究。

（5）糯扎渡水电站枢纽区高边坡稳定与支护措施研究。

（6）糯扎渡水电站水库库岸稳定性蓄水响应与失稳预测专题研究。

3.1.2 工程地质工作

（1）区域地质。工程区及外围大部分属于三江断褶系和滇缅断块。区内最突出的构造形迹是由北西向的红河断裂、澜沧江断裂、耿马—澜沧断裂和北东向的南汀河断裂、孟连—澜沧断裂、打洛—景洪断裂组成的主干构造。

区内地震活动比较强烈。历史地震记载 $M \geqslant 4.7$ 级地震 125 次，其中 6~6.9 级地震 22 次、7~7.9 级地震 6 次。历史地震在坝址场地计算影响烈度达 Ⅵ 度或 Ⅵ 度以上的约有 22 次，但场地宏观影响烈度最高达 Ⅴ~Ⅵ 度。

工作区主体位于青藏地震区的滇西南地震带，东北部一小部分在鲜水河—滇东地震带。地震对坝址区的影响将主要来自滇西南地震带。

按照地震危险性概率分析方法计算得出水平基岩水平峰值加速度见表3.1-1。

表 3.1-1 坝址场地不同超越概率水平基岩水平峰值加速度

超越概率	50 年 63%	50 年 10%	50 年 5%	50 年 2%	100 年 2%
峰值加速度/gal	71.7	203.7	257.3	324.3	379.9

注 糯扎渡坝址场地地震基本烈度为Ⅷ度。

（2）水库区工程地质。库区共发现较大规模滑坡46个，崩塌堆积体4个。虽滑坡较发育，且规模较大，但大多数为古滑坡，并多处于稳定状态，且滑坡分布高程一般较低或位于支沟内，蓄水后不致产生大规模失稳。

澜沧江为该区最低侵蚀基准面，水库左右两侧100km范围无低邻谷，不存在向低邻谷渗漏问题。水库沿左岸支流小黑江麻粟坪至下游大中河、小橄榄坝一带，三叠系上统大水井山组的碳酸盐岩地层呈条带状分布。但由于该灰岩条带在地表分布不连续，且在小黑江与大中河之间存在高于正常蓄水位的地下水分水岭，因此不会产生从麻粟坪至小橄榄坝的永久渗漏。

（3）枢纽区工程地质。枢纽区河谷呈 V 形，两岸平均坡度为40°～45°；左岸高程850.00m 左右为长、宽各700m 的侵蚀平台地形，平台上游为勘界河，下游为糯扎支沟。

枢纽区主要出露地层有：华力西晚期—印支期花岗岩体（$\gamma_4^3 \sim \gamma_5^1$），三叠系中统忙怀组下段（$T_2 m^1$）砂泥岩。

规模较大的结构面有 F_1、F_2、F_3、F_5、F_9、F_{11}、F_{12}、F_{13}、F_{14}、F_{15}、F_{20}、F_{21}、F_{22}、F_{23}、F_{35} 等断层。

根据枢纽区工程地质特点选择的心墙堆石坝可适应坝基的地质条件，地下厂房位于左岸山体内，是工程区地质条件最好的部位，监测成果表明，厂房开挖支护后稳定性良好；溢洪道充分利用了左岸地形平台，降低了开挖边坡的规模，减少了边坡处理的难度和工程量，监测成果表明溢洪道边坡稳定情况好。

（4）建筑材料。

1）土料场。农场土料场位于坝址上游约 7.5km 的左岸山坡，分布高程为 800.00～1100.00m，为砂泥岩风化料。主采区土料主要为黏土、卵石混合土和黏土质砾，在掺入35% 人工碎石后，可满足 260m 级高坝心墙防渗材料的要求。

2）石料场。白莫箐石料场位于坝址上游约 5.5km 的左岸山坡，分布高程为725.00～925.00m，其可用层为角砾岩和花岗岩，在圈定的 1.02km² 储量计算范围内，可采储量达 5480 万 m³，剥离量为 730 万 m³，剥采比为 1∶7.5。

3）该工程还充分利用了溢洪道、水电站进水口、尾水出口等部位的开挖石渣料和地下厂房、泄洪隧洞、导流隧洞的开挖渣料，减轻了堆渣对环境的影响，且为工程节省了投资。主要建筑物开挖料勘探布置示意图见图 3.1-1。

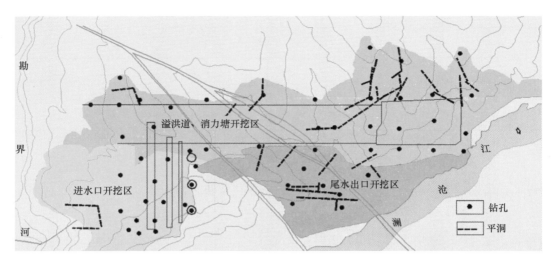

图 3.1-1 主要建筑物开挖料勘探布置示意图

3.2 主要创新技术

3.2.1 坝址区工程地质分区规划

坝址区工程地质条件复杂，岩体风化程度、构造发育程度等均呈现很大的不均一性。在详细分析坝址区地层岩性、地质构造、风化卸荷、地下水等基本地质条件的基础上，参考岩体质量综合分类的方法，将坝址区工程地质条件按不同等级从好至差分为 A、B、C、D、E、F 六个区，见图 3.2-1。

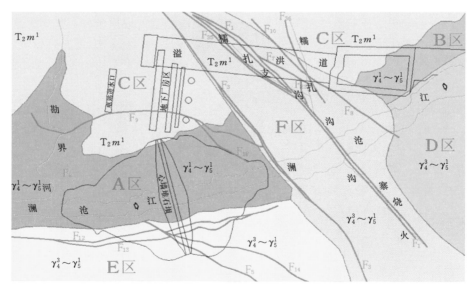

图 3.2-1 坝址区工程地质分区规划

3.2.2 花岗岩构造软弱岩带试验

坝基右岸中部岩体受构造、风化、蚀变等因素的综合影响，形成了大致顺河方向延伸并包括断层在内的构造软弱岩带，带内岩体破碎，风化较强烈、完整性差，各级结构面发育，而且多夹泥或附有泥质薄膜。由于构造软弱岩带岩体强度及变形模量低、抗变形性能差，渗透性较大，易产生不均匀变形，难以满足大坝对地基强度、抗变形性能及防渗方面的要求，为了对坝基处理措施提供依据，特对该构造软弱岩带开展渗透变形试验及固结灌浆试验来满足工程要求。

3.2.3 三维地质建模与分析

在可行性研究设计阶段，充分利用已有地质勘探和试验分析资料，应用 GIS 技术初步建立了枢纽区三维地质模型，见图 3.2-2。

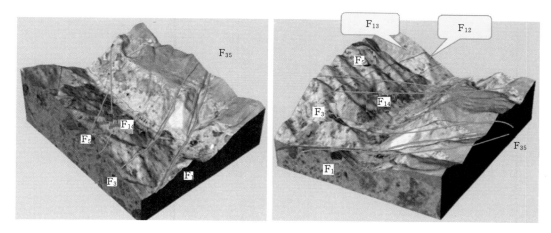

图 3.2-2 枢纽区三维地质模型

在招标及施工图阶段，研发了地质信息三维可视化建模与分析系统 NZD-VisualGeo，见图 3.2-3。根据最新揭露的地质情况，快速修正了地质信息三维统一模型，为设计和施工提供了交互平台，提高了工作效率和质量。

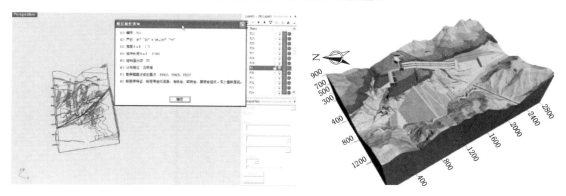

图 3.2-3（一） 地质信息三维可视化建模与分析系统 NZD-VisualGeo

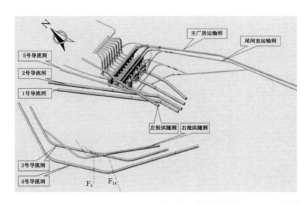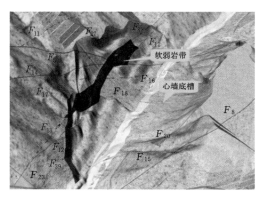

图 3.2-3（二） 地质信息三维可视化建模与分析系统 NZD-VisualGeo

第 4 章

心墙堆石坝

4.1 概述

糯扎渡心墙堆石坝坝高 261.5m，在已建的同类坝型中居中国第一、世界第三，填筑方量为 3432 万 m³，其中心墙料为 464 万 m³。

坝体基本剖面为中央直立心墙型式，最大横剖面见图 4.1-1，坝顶高程为 821.50m，心墙顶宽 10m，上下游坡比均为 1:0.2；心墙两侧各设两层反滤层，上游 I、II 两反滤层的宽度均为 4m，下游 I、II 两反滤层的宽度均为 6m；反滤层以外为堆石体坝壳。坝顶宽度为 18m，心墙基础最低建基面高程为 560.00m，上游坝坡坡度为 1:1.9，下游坝坡坡度为 1:1.8。

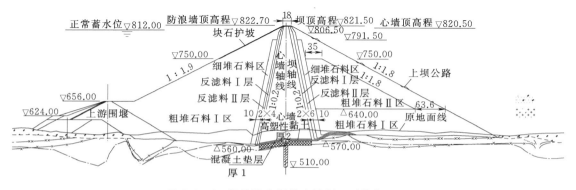

图 4.1-1　糯扎渡大坝最大横剖面（单位：m）

糯扎渡大坝与小浪底相比跨越了 100m 的台阶，超出了我国现行规范的适用范围，已有的筑坝技术和经验已不能满足超高心墙堆石坝建设的需求。超高心墙堆石坝工程中尚存在以下关键技术难题：

（1）天然防渗土料一般难以满足超高心墙堆石坝的强度和变形要求，需系统研究人工改性掺砾防渗土料工程特性、施工工艺及质量控制标准等。

（2）充分利用工程开挖料具有显著的经济和环境效益，需研究软岩开挖料的工程特性，并论证其筑坝可行性和安全性。

（3）坝体变形分析存在"低坝算大、高坝算小"问题，需发展适用于超高心墙堆石坝的静力、动力本构模型。

（4）对心墙拱效应和水力劈裂机理认识不深入，对坝体可能出现的纵向、横向裂缝缺少有效的计算模拟手段，需开展与之适应的计算理论和方法研究。

（5）已有设计规范不适用超高心墙堆石坝设计需求，需开展系统的设计准则研究。

（6）现有部分安全监测设备不适用于超高心墙堆石坝需求，需开展针对性专项研发。

（7）大坝体量大，施工分期分区复杂，坝料料源多，坝体填筑碾压质量要求高，传统手段对施工质量缺乏有效监控，需建立施工质量实时监控系统。

（8）缺乏超高心墙堆石坝渗流稳定、变形稳定、抗滑稳定等安全控制标准，需系统建立安全综合评价体系。

4.2　主要创新技术

　　为了解决 300m 级超高心墙堆石坝筑坝技术难题，昆明院在原国家电力公司科技计划、国家自然科学基金及企业重大工程科研等近 70 项科技项目的支持下，以企业为主体，"产、学、研、用"相结合，围绕超高心墙堆石坝工程的关键技术问题，开展了 10 余年的研究及应用，系统地提出了超高心墙堆石坝的成套设计准则、新的计算分析理论、防渗料和软岩料筑坝成套技术、施工质量实时监控以及多项具有中国自主知识产权的创新性成果和工程应用，使我国堆石坝筑坝技术水平迈上了一个新的台阶。

4.2.1　超高心墙堆石坝筑坝成套技术

　　首次系统地提出了超高心墙堆石坝采用人工碎石掺砾土料和软岩堆石料筑坝成套技术，居国际领先水平，属工程新技术、新工艺、新材料、新设备应用。

　　（1）针对糯扎渡天然土料黏粒含量偏多、砾石含量偏少、天然含水率偏高，不能满足超高心墙堆石坝强度和变形要求的难点，采用掺人工级配碎石对天然土料进行改性，系统开展了大量的室内和大型现场试验，提出了超高心墙堆石坝人工碎石掺砾防渗土料成套技术。

　　1）科学确定人工碎石掺砾含量。当地天然防渗土料偏细，在 2690kJ/m³ 击实功能条件下的压缩模量 $E_{s(0.1\sim0.2)}$ 平均值约为 26MPa，需进行人工碎石掺砾，在满足防渗条件下尽可能提高压缩模量和抗剪强度。对不同掺砾量防渗土料的渗透系数、抗渗比降、压缩模量及抗剪强度等进行了系列比较试验研究（室内试验约 3000 组，大型现场试验 6 项），从防渗土料渗透性及抗渗性能看，掺砾量不宜超过 50%（见图 4.2-1），从变形协调及压实性能看，掺砾量宜在 30%～40%（见图 4.2-2），由此综合确定掺砾含量为 35%，掺砾料压缩模量 $E_{s(0.1\sim0.2)}$ 平均值增加近一倍达 51MPa。糯扎渡大坝填筑掺砾料

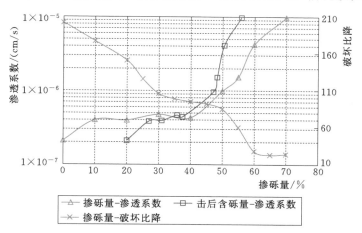

图 4.2-1　不同掺砾量下的渗透系数及破坏比降

共计 464 万 m³。

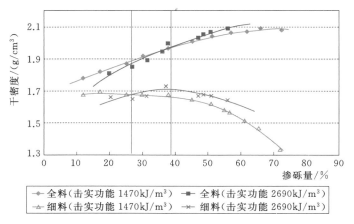

图 4.2-2 不同掺砾量下压实干密度

2）人工掺砾施工工艺及质量检测方法。①系统开展大规模现场试验，提出了人工掺砾施工工艺（见图 4.2-3），保证了坝料的均匀性及碾压施工质量。②研发了直径 600mm 超大型击实仪（见图 4.2-4），并与等量替代法进行相关对比分析（见图 4.2-5），确定了用 152mm 三点快速击实法检测心墙掺砾土料的填筑质量控制标准，提高了检测效率。

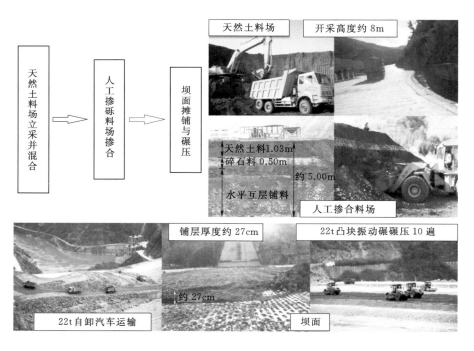

图 4.2-3 人工掺砾施工工艺

（2）通过材料试验和理论研究，论证了在大坝上游适当范围采用部分软岩堆石料是可行的，并在糯扎渡心墙堆石坝首次实践，实际填筑 478 万 m³（见图 4.2-6），扩大了工程开挖料的利用率，节约投资约 3.3 亿元，经济效益显著。

图 4.2-4 超大型击实仪

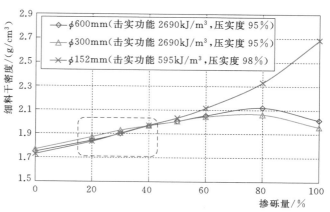

图 4.2-5 不同直径击实试验成果对比

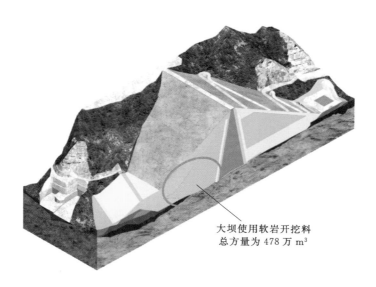

大坝使用软岩开挖料
总方量为 478 万 m³

图 4.2-6 软岩堆石料填筑位置示意图

4.2.2 超高心墙堆石坝计算分析方法

发展了适合于超高心墙堆石坝的坝料静力、动力本构模型和水力劈裂及裂缝计算分析方法，居国际领先水平，属工程新技术、新设备应用。

1. 土石料静力本构模型修正

（1）对目前国内外在土石坝应力变形计算分析中常用的堆石料本构模型进行了系统的比较验证，讨论了其主要特点及对高应力状态和复杂应力路径的适应性。建立了基于Rowe 剪胀模型的堆石体剪胀公式（见图 4.2-7），改进了沈珠江双屈服面模型体积变形的表示方法，使其形式更加简洁，并可反映土石坝料的变形机理，应用于高土石坝应力变形分析时可以得到更加符合实际情况的结果。

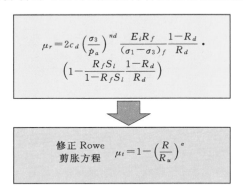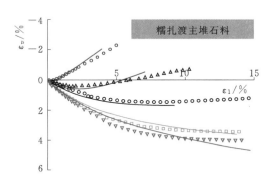

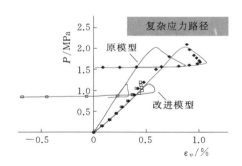

图 4.2-7 修正 Rowe 剪胀方程对三轴试验结果的模拟

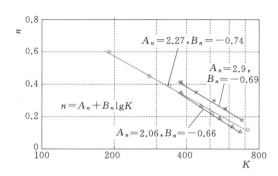

图 4.2-8 E-B模型参数"不唯一性"原理图

（2）通过对模型参数的分析研究，从理论上揭示了邓肯-张 E-B 模型参数的"不唯一性"问题（见图 4.2-8），建立起了参数间的相关性关系，提出了坝料本构模型参数的整理分析方法。

2. 土石料动力本构模型修正

该研究发展了土的动力量化记忆本构模型，提出了量化记忆（SM）模型参数随应变和围压变化的规律，提出了采用 Levenberg - Marquardt 非线性最小二乘法拟合动力三轴试验结果确定模型参数的方法，并将一维量化记忆模型中的记忆点扩展为偏平面上的记忆面，从而构筑了多维量化记忆模型（见图4.2-9）。研究人员编写了有限元计算程序，模拟了大三轴试样动力试验过程，验证了多维量化记忆模型的有效性。

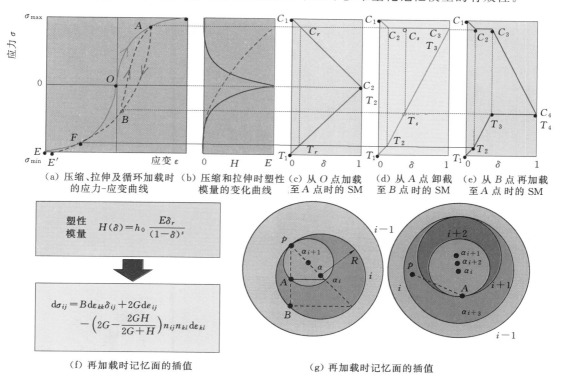

（a）压缩、拉伸及循环加载时　　（b）压缩和拉伸时塑性　　（c）从 O 点加载　　（d）从 A 点卸载　　（e）从 B 点再加载
　　的应力-应变曲线　　　　　　模量的变化曲线　　　　至 A 点时的SM　　至 B 点时的SM　　至 A 点时的SM

塑性模量 $H(\delta)=h_0\dfrac{E\delta_r}{(1-\delta)^s}$

$$d\sigma_{ij}=Bd\varepsilon_{kk}\delta_{ij}+2Gde_{ij}-\left(2G-\frac{2GH}{2G+H}\right)n_{ij}n_{kl}d\varepsilon_{kl}$$

（f）再加载时记忆面的插值　　　　　　　　（g）再加载时记忆面的插值

图 4.2-9　土石料的动应力-应变曲线及量化记忆模型

3. 心墙水力劈裂机理及数值仿真方法

该方法提出了渗水弱面及在快速蓄水过程中所产生的渗水弱面"水压楔劈效应"（见图 4.2-10）是心墙水力劈裂发生的主要条件，并通过模型试验（见图 4.2-11）加以验证。将弥散裂缝理论引入水力劈裂问题的研究中，与比奥固结理论相结合，推导建立了心

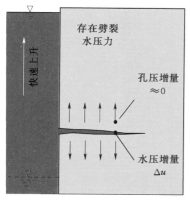

图 4.2-10　水压楔劈模型

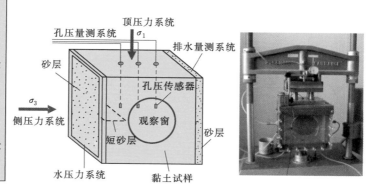

图 4.2-11　水力劈裂模型试验

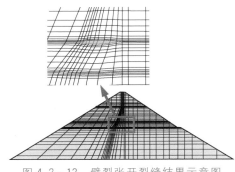

图 4.2 - 12 劈裂张开裂缝结果示意图

墙水力劈裂计算模型及扩展过程有限元算法。劈裂张开裂缝结果示意图见图 4.2 - 12。

4. 土石坝裂缝机理及数值仿真方法

该方法系统研究了土石坝裂缝发生的力学机理及判别方法（见图 4.2 - 13），提出了心墙黏土基于无单元法的弥散裂缝模型，发展了基于无单元-有限元耦合方法的土石坝张拉裂缝三维仿真计算程序（见图 4.2 - 14），实现了对坝体可能裂缝有效的计算模拟。

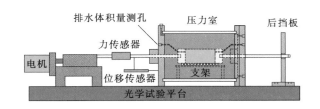

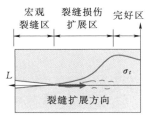

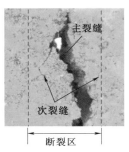

图 4.2 - 13 三轴拉伸仪和断裂机理

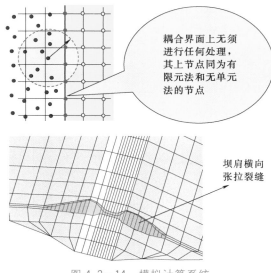

图 4.2 - 14 模拟计算系统

4.2.3 超高心墙堆石坝成套设计准则

针对现行设计规范不适用超高心墙堆石坝设计需求的问题，通过研究、总结与集成，系统地提出了超高心墙堆石坝的成套设计准则。主要创新内容如下：

（1）开挖料勘察工作准则。为在设计阶段掌握开挖料的特性及可用数量，尽可能充分利用开挖料，确定了枢纽工程开挖料勘察深度和精度要求。溢洪道、水电站进水口等开挖料勘探布置见图 4.2 - 15，枢纽区开挖三维设计见图 4.2 - 16。

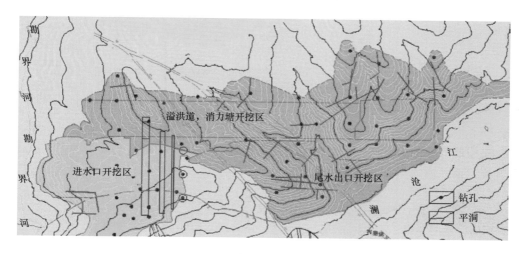

图 4.2 - 15　溢洪道、水电站进水口等开挖料勘探布置

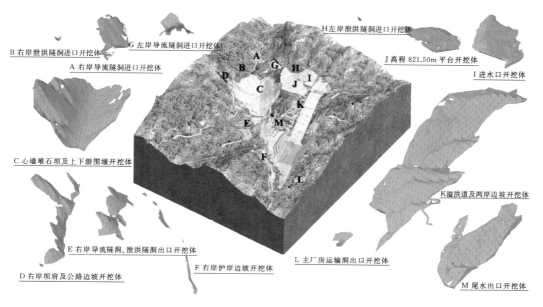

图 4.2 - 16　枢纽区开挖三维设计

35

（2）筑坝材料试验项目及组数。明确了超高心墙堆石坝筑坝材料必须开展的试验研究项目，并通过试验组数与试验成果误差关系的研究（见图4.2-17），确定了各项试验一般应完成的试验组数（见图4.2-18）。

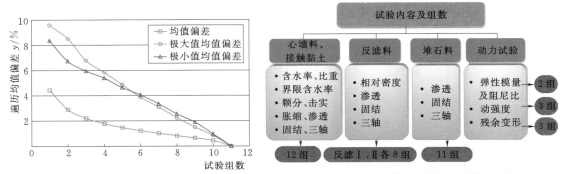

图4.2-17 试验组数与成果误差分析

图4.2-18 试验项目及试验组数规定

（3）心墙型式准则。为充分适应地形地质条件，对斜心墙、直心墙型式进行了技术、经济、安全等方面的综合比较，确定了超高心墙堆石坝一般采用直心墙更加安全、经济，施工方便。糯扎渡大坝心墙方案比选见图4.2-19。

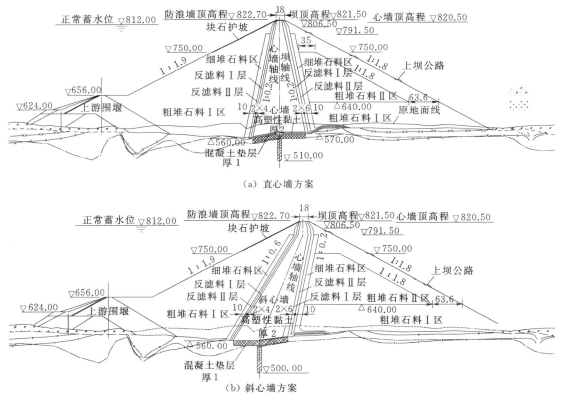

图4.2-19 糯扎渡大坝心墙方案比选（单位：m）

（4）坝料分区设计准则。经综合技术、经济、安全等方面比较，优化确定了心墙及堆石体坝壳分区设计准则。糯扎渡大坝上游坝壳分区方案比选见图4.2-20。

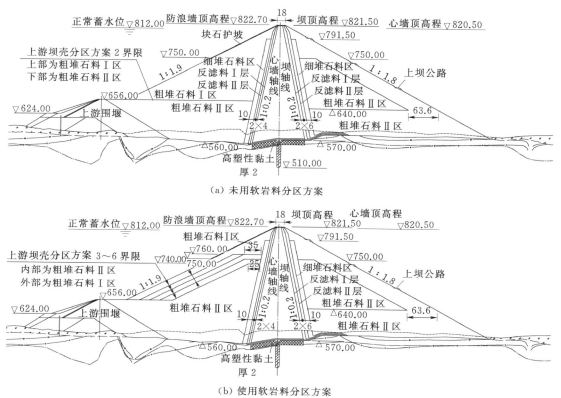

（a）未用软岩料分区方案

（b）使用软岩料分区方案

图4.2-20　糯扎渡大坝上游坝壳分区方案比选（单位：m）

（5）坝基混凝土垫层分缝设计准则。通过对坝基混凝土垫层受力机理的研究，建立了坝基混凝土垫层分缝设计准则：分缝应有针对性地在垂直于拉应力方向设置，即在反滤层与心墙交界部位及在坝轴线方向设置结构缝，顺水流方向不设置结构缝（见图4.2-21）。

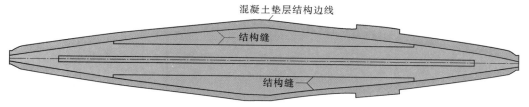

图4.2-21　坝基混凝土垫层分缝示意图

（6）渗流稳定分析与控制标准。确定了渗流稳定分析与控制标准，增强了坝基渗透稳定性。下游坝壳坝基采用反滤I、反滤II对下游坝基覆盖保护（见图4.2-22），对一般坝基覆盖保护范围为$1/3H$（H为水头），对断层及右岸软弱岩带地基保护范围为（$0.5\sim1.0$）H。

（7）变形协调控制标准。综合研究了顺水流向心墙与堆石体、心墙与岸坡变形协调机制，综合判定变形倾度小于1‰是适宜的（见图4.2-23），同时论证了心墙与岸坡之间设置接触黏土的必要性。

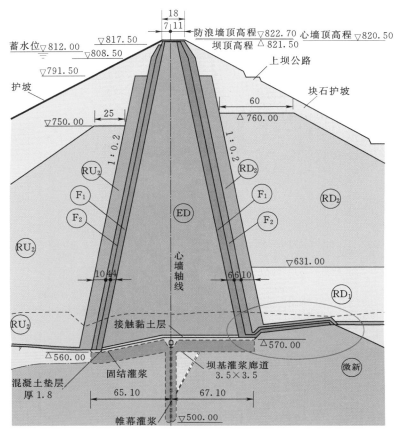

图 4.2 - 22　下游坝基覆盖保护范围示意图（图中红圈位置）（单位：m）

（8）坝坡稳定分析及控制标准。研究论证了坝坡稳定分析采用非线性方法的必要性和合理性，确定了坝坡稳定分析及控制标准："坝料非线性抗剪强度指标必须采用规定组数的小值平均值（见图 4.2 - 24），坝坡稳定允许安全系数仍按现行规范规定"，被现行规范《碾压式土石坝设计规范》（DL/T 5394）和《混凝土面板堆石坝设计规范》（DL/T 5016）采纳。

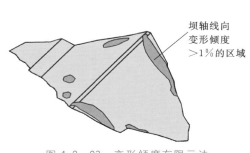

图 4.2 - 23　变形倾度有限元法

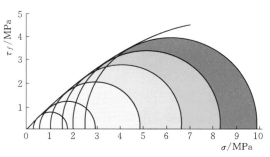

图 4.2 - 24　堆石料 τ_f-σ 关系曲线

（9）新型工程抗震措施。研究提出了适用于高地震烈度区的超高心墙堆石坝的抗震措施。糯扎渡大坝设防烈度 9 度，100 年超越概率 2% 的基岩水平峰值加速度 0.38gal，采用坝体内部不锈钢筋与坝体表面不锈扁钢网格组合，见图 4.2-25。

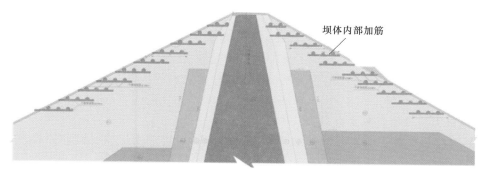

（a）坝体内部不锈钢筋布置

（b）坝体表面不锈扁钢网格

图 4.2-25　超高心墙堆石坝新型工程抗震措施

（10）量水堰与下游围堰"永临结合"措施。根据超高心墙堆石坝的特点，研究提出了坝体宜与下游围堰结合、下游围堰后期宜改造成量水堰（见图 4.2-26）的设计准则，以节省工程投资。

图 4.2-26　糯扎渡量水堰与下游围堰"永临结合"措施

4.2.4 超高心墙堆石坝施工质量实时监控技术

高心墙堆石坝工程量大，施工分期分区复杂，坝体填筑碾压质量要求高，常规质量控制手段难以实现对施工质量的精准控制。深入研究了高心墙堆石坝施工质量实时监控关键技术，提出了坝料上坝运输过程实时监控技术、大坝填筑碾压质量实时监控技术、施工质量动态信息 PDA 实时采集技术、网络环境下数字大坝可视化集成技术，开发了糯扎渡水电站工程"数字大坝"系统，实现了大坝施工全过程的全天候、精细化、在线实时监控，是世界大坝建设质量控制方法的重大创新，居国际领先水平，属工程新技术、新工艺、新设备应用。

1. 坝料上坝运输过程实时监控技术

（1）建立了坝料运输实时监控数学模型，提出了坝料上坝运输实时监控技术（见图 4.2-27），利用自主研制开发的坝料运输车辆动态信息自动采集装置，实现对运输车辆从料源点到坝面的全过程定位与装卸料监控。

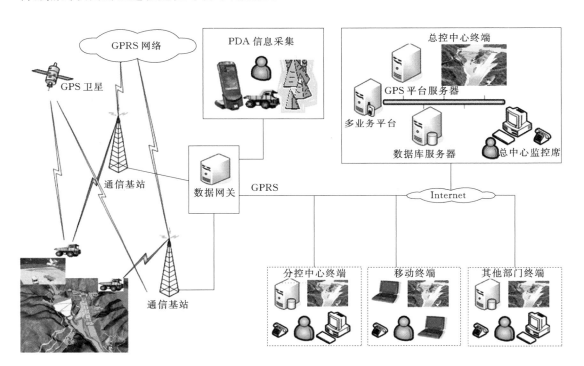

图 4.2-27　坝料上坝运输过程实时监控总体方案

（2）开发了坝料上坝运输过程实时监控系统（见图 4.2-28），实现了料源与卸料分区的匹配性，以及上坝强度和道路行车密度的动态监控，保证了坝料的准确性，合理地组织了施工和运输车辆优化调度。

2. 坝面填筑碾压过程实时监控技术

（1）建立了心墙堆石坝坝面碾压质量实时监控数学模型，确定了实时监控指标及控制

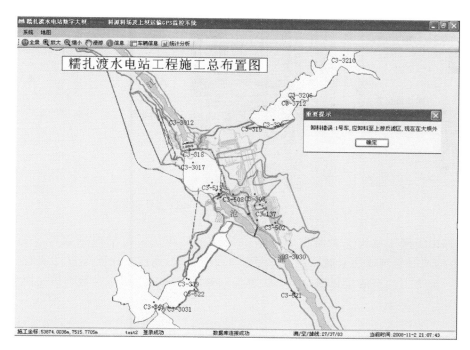

图 4.2-28　坝料上坝运输过程实时监控系统

准则。提出了大坝填筑碾压过程实时监控总体方案（见图 4.2-29），通过 1P、2G、3N，实现了坝面填筑碾压质量监控的 4M（全天候、实时、精细化及远程性）。

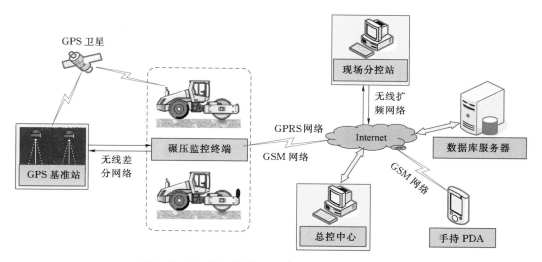

图 4.2-29　坝面填筑碾压过程实时监控总体方案

（2）自主研发了坝面碾压过程信息实时自动采集装置系统（见图 4.2-30），实时分析和判断行车速度、激振力输出、碾压遍数、压实厚度等是否超标，并通过监控终端 PC 和手持 PDA 实时报警，以指导相关人员做出现场反馈。

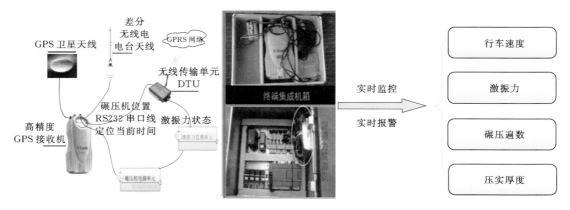

图 4.2 - 30　坝面碾压过程信息实时自动采集装置系统

（3）提出了碾压过程实时监控的高精度快速图形算法，包括碾压轨迹（见图 4.2 -
31）、条带的实时绘制算法及碾压遍数（见图 4.2 - 32）、速度和压实厚度的实时计算与显
示算法等，解决了动态巨量数据的实时快速绘制难题，提高了碾压遍数、压实厚度的计算
精度。

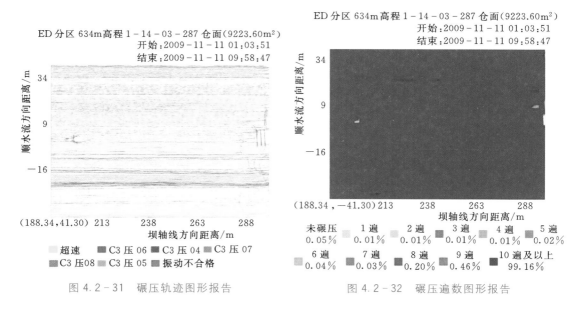

图 4.2 - 31　碾压轨迹图形报告　　　　　　图 4.2 - 32　碾压遍数图形报告

（4）开发了坝面填筑碾压质量实时监控系统，实现了碾压参数的全过程、精细化、在
线实时监控（见图 4.2 - 33），克服了常规质量控制手段受人为因素干扰大、管理粗放等
弊端，有效地保证和提高了施工质量，确保碾压质量始终真实受控。

3. 大坝施工信息 PDA 实时采集技术

提出基于 PDA 的超高心墙堆石坝施工信息实时采集技术（见图 4.2 - 34），实现了大坝
填筑碾压质量的信息和上坝运输车辆信息的 PDA 实时采集，为动态调度坝料运输车辆以及
管理人员及时全面掌握现场施工质量信息和反馈控制提供了一条有效的解决途径。

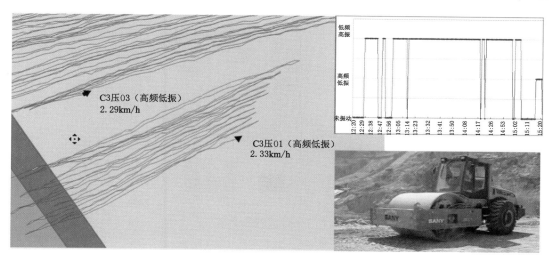

图 4.2 - 33　坝面填筑碾压质量实时监控

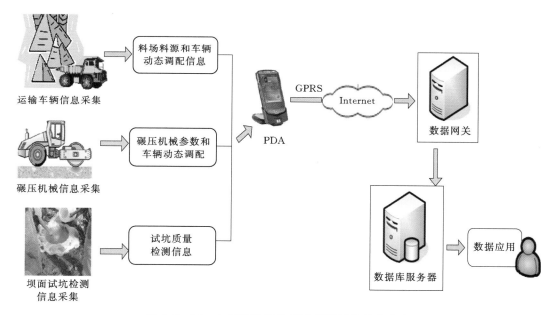

图 4.2 - 34　大坝施工信息 PDA 实时采集总体方案

4. 网络环境下数字大坝可视化集成技术

（1）建立了糯扎渡数字大坝系统集成模型，构建了基于施工实时监控的数字大坝技术体系，见图 4.2 - 35。

（2）提出了网络环境下工程综合信息可视化集成技术，解决了具有数据量大、类型多样、实时性高等特点的工程信息综合动态集成难题，见图 4.2 - 36。

（3）集成了糯扎渡数字大坝系统（见图 4.2 - 37），实现了大坝建设过程中各种工程信息的综合集成，为大坝竣工验收、安全鉴定及运行管理提供了支撑平台。

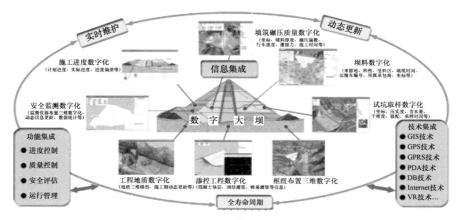

图 4.2-35 糯扎渡数字大坝技术体系

图 4.2-36 糯扎渡工程综合信息可视化集成技术

图 4.2-37 糯扎渡数字大坝系统

　　数字大坝系统有效提高了糯扎渡大坝施工质量监控的水平和效率，确保大坝施工质量始终处于受控状态，是世界大坝建设质量控制方法的重大创新。糯扎渡大坝 2009—2011 年年均填筑 940 万 m³，提前一年建成，施工质量控制良好，数字大坝系统发挥了极其重要的作用，取得了显著的经济效益和社会效益，成果总体上达到国际领先水平，具有广阔的应用前景。

　　"高心墙堆石坝施工质量实时监控关键技术及工程应用"获 2010 年度云南省科学技术进步奖一等奖。

第 5 章

泄洪建筑物

5.1 概述

泄洪建筑物由左岸开敞式溢洪道、左岸泄洪隧洞、右岸泄洪隧洞及河岸保护工程组成。坝址左岸有一宽700m左右的天然平缓台地，地面高程为820.00～850.00m，地形地质条件适宜布置溢洪道。溢洪道布置于水电站进水口左侧，为开敞式溢洪道。引渠进口布置于勘界河下游左岸山坡，出口位于糯扎沟，下游布置消力塘。由于开敞式溢洪道具有泄流能力大、安全性高、操作运行灵活、检修方便、泄洪水流远离坝脚等优点，为主要泄洪建筑物。

为满足泄洪、后期导流、放空水库和下游供水等要求，在枢纽左、右两岸各布置一条泄洪隧洞。泄洪隧洞受地形地质条件、引水、尾水建筑物及施工导流隧洞布置的限制，方案布置上调整裕度不大。左岸泄洪隧洞布置在坝体与引水发电建筑物之间；右岸泄洪隧洞布置在坝体右岸山体内。由于泄洪隧洞运行水头高、洞内流速高、操作不灵活和检修不便等原因，所以其为辅助泄洪建筑物。泄洪建筑物布置见图5.1-1。

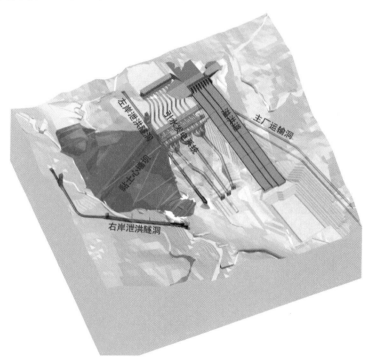

图 5.1-1 泄洪建筑物布置

各泄洪建筑物的布置情况如下：

（1）溢洪道。溢洪道布置于左岸平台靠岸边侧（水电站进水口左侧）部位，由进水渠段、闸室控制段、泄槽段、挑流鼻坎段及出口消力塘段组成。溢洪道水平总长1445.183m（渠首端至消力塘末端），宽151.5m。进水渠段底板高程为775.00m，堰顶高程为792.00m。采用挑流消能,最大泄量为31318m³/s,最大流速为52m/s。

(2)左岸泄洪隧洞。左岸泄洪隧洞布置在大坝与引水发电建筑物之间(见图5.1-2),进口底板高程为721.00m,设计水头为103m,全长为950m,洞轴线方向为SE167°30′00″,由有压洞段、闸门井段、无压洞段和出口明渠及挑流鼻坎段组成,与左岸5号导流隧洞结合段长217m。采用挑流消能,最大泄量为3395m³/s,最大流速为38m/s。

(3)右岸泄洪隧洞。右岸泄洪隧洞布置在坝体右岸山体内(见图5.1-3),进口底板高程为695.00m,设计水头为126m,全长为1062m,根据地形条件,洞轴方向沿SE175°00′00″转至SE115°00′00″,洞轴线有60°的转角。右岸泄洪隧洞包括进口段、有压段、检修事故闸门井段、工作闸门室段、无压洞段、明渠及挑流鼻坎段。采用挑流消能,最大泄量为3257m³/s,最大流速为40m/s。

图5.1-2　左岸泄洪隧洞　　　　　　图5.1-3　右岸泄洪隧洞

泄洪建筑物修建过程存在难点有以下几个方面:

(1)溢洪道消力塘底板需要检测,底板衬砌后须设置复杂的抽(排)水系统,给施工、运行管理带来很多困难,现有施工经验解决当前问题较难。

(2)高速水流的空蚀空化对溢洪道、引水隧洞等建筑物有严重的破坏作用。为避免高速水流带来的空蚀空化的危害,需要进行掺气,但糯扎渡水电站泄洪水头高,溢洪道泄槽最大流速达52m/s,这增加了泄槽掺气减蚀的设计难度。

(3)高速水流对混凝土造成冲击,如何增加混凝土耐磨强度是保证工程项目正常运行的难点之一。

5.2　主要创新技术

5.2.1　消力塘设计

针对底板衬砌后须设置复杂的抽排水系统,给施工、运行管理带来困难的问题,对溢洪道消力塘护岸不护底进行了深入的研究。研究的原则:取消溢洪道消力塘底板混凝土衬砌的可行性,允许消力塘底板存在冲坑,不影响工程安全的同时减小工程量及施工难度。研究内容包括底板冲刷、淤积情况及消力塘岸坡衬砌结构稳定性等。溢洪道消力塘纵剖面见图5.2-1。

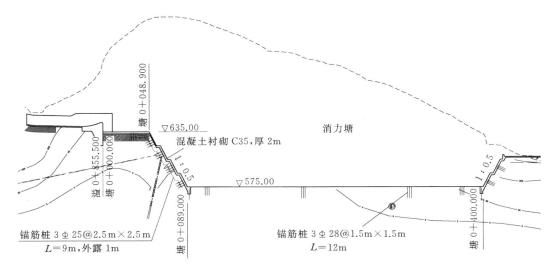

图 5.2-1 溢洪道消力塘纵剖面（护岸不护底）

1. 消力塘护岸不护底模型试验

通过 1：100 模型试验，常年洪水到校核洪水各运行工况，左槽水舌挑距为 101～262m，经综合比选后选定消力塘底板高程为 575.00m，该高程消力塘宽为 176.5～191.05m，长 311～331m，消力塘出口底板高程为 608.00m，该高程以下消力塘深 33m。水工模型试验模拟抗冲流速为 7～12m/s，研究了消力塘护岸不护底、护岸加 L 形护板以及护岸加防淘齿墙的方案，同时测量了消力塘边坡和底板的上举力。

模型试验成果如下：

（1）设计洪水及校核洪水情况下，消力塘单位水体消能率分别为 8.7kW/m³、12.6kW/m³，说明消力塘规模适中，较好地解决了泄洪消能问题。

（2）模型试验对底板最大上举力进行了测量，如果消力塘底板进行衬砌，最大上举力为 18320kN，需要 71kN/m² 的锚固力，底板锚固工程量巨大。

2. 溢洪道水垫塘水动力学问题研究

通过 1：100 模型试验进行溢洪道水垫塘水动力学问题研究，测试水垫塘水面线，观测、分析塘内流态，提出水垫塘的动水压力分布和脉动压力分布，底板和边坡的上举力。测试各试验工况的水垫塘和下游河道流速，观测下游的河道流态及冲淤、涌浪情况，为下游防护设计提供依据；观测水电站进、出口的水流流态，并提出意见。采用散粒体模拟方案，研究各泄洪工况下，坝下天然河床产生的最大冲刷平衡深度，研究不同的预挖体型对最大冲刷平衡深度的影响。用水弹性材料模拟水垫塘两岸护坡、岩石（裂隙、节理）情况，研究水流对护坡的冲刷、护坡的稳定性和静动力响应。

模型试验成果如下：

（1）通过对水垫塘底板的时均动水压力和脉动压力的测试，脉动压力分布的峰域为塘 0+150.00～0+330.00 的区域，则该峰域是最有可能发生破坏的区域。水垫塘底板及边坡上的最大脉动压力均方根值均发生在校核工况，数值见表 5.2-1。水垫塘的底板和边坡处于相同的抗冲水平。

表 5.2-1 消力塘底板及边坡脉动压力值试验成果

部 位	桩 号	最大脉动压力/kPa
底板	0+230.000、0+206.000	23.96
边坡	0+250.000	23.89

（2）消力塘边坡上举力及锚固力试验成果见表 5.2-2。试验结果表明，对于原水垫塘方案，边坡衬砌块所受上举力较水垫塘底板块稍小，但所需的锚固力水平是相当的。水垫塘扩宽后，使边坡衬砌所受上举力明显减小，效果显著。

表 5.2-2 消力塘边坡上举力及锚固力试验成果

体型	工况	部 位	最大上举力/kN	需要锚固力/（kN/m²）
拓宽前	校核工况	桩号 0+220.000、高程 585.00m	19416.3	47
		桩号 0+160.000、高程 605.00m	15568.7	33
		桩号 0+312.000、高程 625.00m	11586	18
拓宽后	校核工况	桩号 0+220.000、高程 585.00m	12923.2	13

注 锚固力按 4m 厚混凝土板临界稳定算得。

3. 消力塘体型试验研究

消力塘体型尺寸经水工模型反复试验研究，目的是满足在各种运行工况下，挑流水舌不砸击消力塘边墙，消力塘消能率高，出塘流速低。因此在前期模型试验研究的基础上，将消力塘左边墙向外拓宽 3.37～16m，右边墙向外拓宽 9m，针对该消力塘体型进行了下游消能防冲试验、抗力水平试验、平底板消力塘（定床）试验和冲刷（动床）试验。溢洪道消力塘平面拓宽示意图见图 5.2-2。

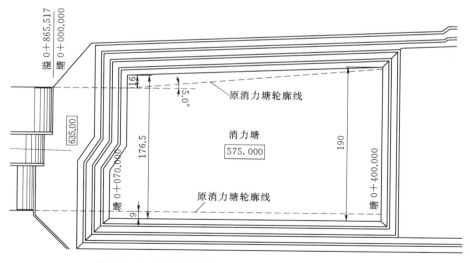

图 5.2-2 溢洪道消力塘平面拓宽示意图（单位：m）

模型试验成果如下：

（1）消力塘动床冲刷试验成果见表 5.2-3，消力塘冲淤平面图见图 5.2-3，消力塘冲刷形态剖面图见图 5.2-4。试验成果表明：水垫塘扩宽对减少水垫塘的冲刷有显著作用。水垫塘扩宽后加护齿的影响较小，这是由于水垫塘扩宽后水流不冲击岸坡，护齿"水平挑流"效应减弱或消失。边坡下设齿墙以及对边坡基础的灌浆处理，对维护边坡稳定是有利的。溢洪道水垫塘远离其他水工建筑物，采用优选的水垫塘设计以及必要的工程措施，实现护坡不护底方案是完全可行的。

表 5.2-3　　　　　　　　　　　　　　消力塘动床冲刷试验成果

体型	工况	抗冲流速 /(m/s)	最大冲坑深度/m		
			左坡脚	右坡脚	塘底
拓宽前	设计洪水	7	10.6	11.6	18.1
		12	0	0	6.6
	校核洪水	7	11.2	9.9	21.8
		12	0.2	4.3	6.3
拓宽后	设计洪水	7	3.1	6	13.7
		12	0	0	5.8
	校核洪水	7	6.2	7.5	14
		12	淤积	4.3	8.1

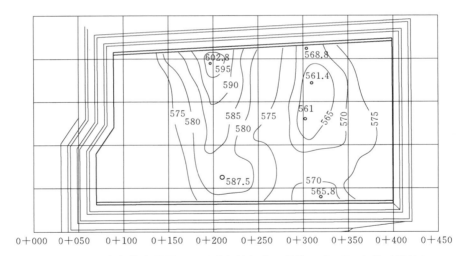

图 5.2-3　消力塘冲淤平面图（消力塘拓宽、校核工况、7m/s 抗冲流速）

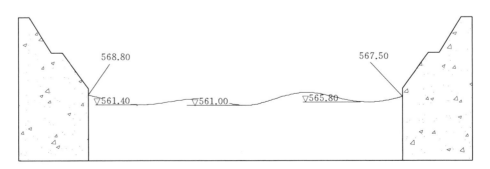

图 5.2-4　消力塘冲刷形态剖面图（单位：m）

（2）消力塘拓宽后左、右边坡最大冲击压力比边坡修改前小，说明消力塘拓宽后边坡冲击压力减小，对边坡稳定有利。在左岸边坡适当增加锚固力后，边坡是安全的，消力塘采用护坡不护底的方案是可行的。

5.2.2 超高速水流的溢洪道掺气设计

针对超高速水流过程产生空蚀空化的问题，溢洪道泄槽掺气坎型式对坎槽式及挑跌坎式进行对比研究，见图5.2-5。坎槽式掺气坎在某些高流速工况时，空腔长度过长，水面波动较大，流态较差；在大流量低流速工况下掺气设施掺气效果相对较差；同时坎槽式掺气坎结构复杂、施工不便，因此该工程采用挑跌坎式掺气坎，并进行了重点模型试验研究。

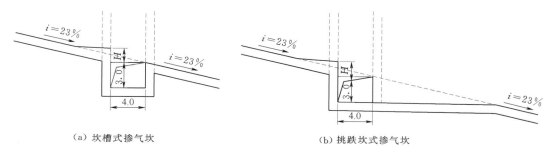

（a）坎槽式掺气坎　　　　　　　　　（b）挑跌坎式掺气坎

图 5.2-5　掺气坎体型图（单位：m）

1. 常压模型试验

共进行了 16 个掺气坎体型试验研究，其中 2 号、3 号、4 号、5 号掺气坎进行了 6 个坎型的比较。1 号掺气坎位于桩号 0+250.000 处，流速范围为 25.9～31.05m/s，在大单宽流量情况下，由于水深较深，流速较低，水流的弗劳德数 Fr 较低（最低值为 2.75），水流重力作用大，不容易形成空腔，易出现空腔回水。针对该掺气坎水力学情况，选择了 10 个坎型进行对比试验。通过模型试验研究，最终选用的泄槽掺气坎参数见表 5.2-4。

表 5.2-4　　　　　　　　　　泄 槽 掺 气 坎 参 数 表

坎号	桩号（自泄槽起点始）	挑跌坎式结构				水力参数	
		挑坎高/m	挑坎坡 i	挑角/(°)	跌坎深/m	空腔长度/m	流速/(m/s)
1 号	0+228.865	0.3	1:10	6.474	3.5	44.5～10.1	20～30
2 号	0+323.000	0.8	1:7.2	5.046	4	24.48～51.0	31～36
3 号	0+453.000	0.6	1:7.2	5.046	4	31.38～42.3	35～40
4 号	0+578.000	0.6	1:10	7.242	4	31.25～49.0	40～50
5 号	0+703.000	0.5	1:10	7.242	4	31.25～49.0	40～50

试验成果表明：1 号掺气坎设置在渥奇段后不易形成稳定的掺气空腔；将 1 号掺气坎设置于 1.332% 底坡与 23% 底坡的交接处，取消渥奇段，利用底坡突变形成稳定空腔的思路应用到该工程中是可行的，大大减小了因高速水流对溢洪道造成破坏的概率，延长了工程的安全运行时间。

2. 减压模型试验

针对溢洪道掺气减蚀研究，建立了1：50的局部减压模型，对初拟设计体型及常压模型试验推荐体型进行了减压模型试验。试验成果如下：

（1）将1号掺气坎布置在缓槽段与陡槽段相交处，代替涡曲线连接缓槽段与陡槽段，掺气效果很好，不同泄流工况均能形成稳定的掺气空腔，虽然有一定回水，但通气孔可以正常补气。

（2）掺气坎采用跌坎和挑坎组合型式，在不同泄流工况下均能形成稳定的空腔，实测掺气坎附近水流噪声最大声压级增量为5.0～7.0dB，借鉴已建类似工程的运行经验，在掺气设施正常运行的情况下减压试验存在初生空化量级的噪声增量，避免了底板表面的空蚀破坏。

（3）掺气挑坎下游底板水舌冲击区动水压力均局部增大，压力分布曲线呈突起尖峰状，应避免在该压力升高区域内设置施工缝，以防动水压力对底板的破坏。同时严格按溢洪道设计规范控制施工的不平整度，采用抗冲蚀材料进行护面，以保证溢洪道的安全运行。

5.2.3 大泄量、高水头泄洪隧洞掺气设计

该工程在设计阶段针对左、右岸泄洪隧洞掺气减蚀问题做了大量的试验研究，优选掺气减蚀设施的体型，最终推荐泄洪隧洞采用工作弧门后突扩突跌式掺气方式，无压段隧洞采用挑跌坎式掺气方式。

1. 闸后突扩突跌设计研究

针对一洞两孔泄洪隧洞工作弧门后的突扩突跌体型，选择右岸泄洪隧洞闸室进行了1：25模型试验及减压箱模型试验研究，研究成果同时应用于左岸泄洪隧洞。1：25的模型试验研究了突扩突跌的掺气效果，重点对跌坎后底坡长度及坡度进行优化研究，分别进行了12％、20％、25％、30％及18％五种跌坎后坡度的比较试验，对突扩突跌的掺气浓度分布、掺气空腔等进行了观测。

试验成果如下：

（1）突扩突跌坎后隧洞的坡度（第一段坡）是通气设施选型中至关重要的参数，隧洞底坡越大，底空腔也越大，底部水流旋滚或回水的范围越小，因而对降低临界掺气水头特别有效。

（2）较大的底坡虽然底空腔很长，通气很好，但是与下游的衔接不好，加上收缩形成较强的冲击波，会出现水流流态不好、水面溅击洞顶、水面波动过大的情况，并且直接影响后面的掺气效果。

（3）根据试验成果，确定跌坎后第一坡段底坡为20％，突扩突跌跌坎高1.5m；突扩分两次，一次突扩两侧分别宽0.6m，二次突扩两侧分别宽0.6m、1.0m。该方案出闸水流平顺、水翅小、不碰击弧门轴；在各水位下，闸门全开和局部开启运行时均能形成稳定的侧空腔、底空腔，两者连通，可以通过侧空腔通畅地向底空腔供气。

（4）在闸门全开运行，库水位为810.92m（设计洪水位）时，水舌落点处冲击压力为103.0kPa。中墩压力分布因底空腔、水翅及水流波动，其压力值为1.5～15.3kPa。右

边墙压力为−11.0~151.1kPa，靠收缩段末的压力较大。

（5）设计洪水时底空腔长度为45m，在距突扩突跌坎100m范围内，沿程掺气浓度为97.71%~1.72%，掺气效果良好。

设计采用的突扩突跌平面体型见图5.2-6。

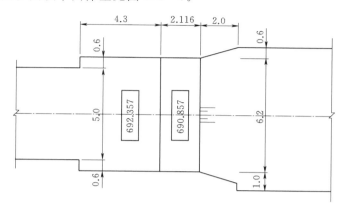

图 5.2-6 突扩突跌平面体型（单位：m）

2. 减压箱模型试验

针对闸室及工作弧门后突扩突跌体型，做了减压箱模型试验，分别于上游中墩附近、工作闸室出口附近、工作闸室出口边墙附近、中闸墩下游端、落水点侧墙、落水点底板附近以及下游跌坎（二级掺气坎）附近布置水听器测点，分析噪声的频谱特性和噪声的相对能量变化规律。

试验结果表明在校核洪水位时，在中闸墩下游端测点临近空化、出闸水流落水点底板附近测点处的水流空化数小于初生空化数，这两个部位的抗空化富余度不大，但是由于工作闸室出闸水流掺气充分，因此不会发生空蚀破坏；其余测点的水流空化数均大于初生空化数。

3. 无压洞掺气坎设计研究

针对泄洪隧洞无压洞的掺气减蚀分别做了左岸及右岸泄洪隧洞的单体模型试验，对不同的掺气坎体型进行了深入研究。

左岸泄洪隧洞无压段单体模型一共进行了四个方案的修改试验，各掺气坎体型均为挑跌坎式。左岸泄洪隧洞最终选定3号掺气坎，见图5.2-7。

试验结果表明：

（1）各掺气坎在各级水位下均能形成稳定的空腔。校核洪水位下1号掺气坎空腔长18~23.4m，内有回水，但回水只是偶尔到坎端，并且回水深度仅0.1~0.31m。2号掺气坎空腔长23.4~26.6m，回水阵发性地到坎端，深度仅0.2~0.45m。3号掺气坎空腔长28.8~31.5m，无回水，各掺气坎供气通畅，掺气效果良好。

（2）掺气坎空腔最大负压发生在设计水位高程为810.82m时1号掺气坎处，为−4.41kPa。其余负压均在−0.21~−4.41kPa范围，满足规范不超过−5.0kPa的要求。校核洪水位下掺气坎通气井最大风速为30.6m/s，设计洪水位下掺气坎通气井最大风速为

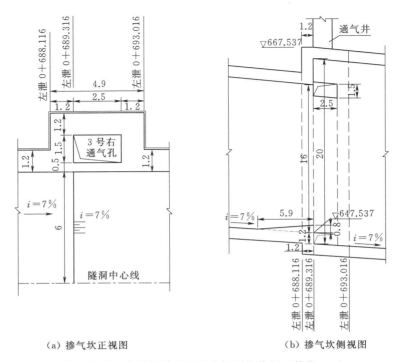

（a）掺气坎正视图　　　　　　　　（b）掺气坎侧视图

图 5.2-7　左岸泄洪隧洞 3 号掺气坎体型（单位：m）

40.7m/s，均发生在 2 号掺气坎处，满足规范小于 60m/s 的要求。右岸泄洪隧洞校核洪水位下泄洪流量为 3257m³/s，无压洞最大流速为 38.7m/s，沿程实测水深为 12.8～7.01m，洞顶净空余幅均大于 25%。

结论：大泄量泄洪隧洞工作闸门采用双孔合一的型式，降低闸门的设计难度，同时明流洞段采用突扩突跌的方式进行掺气，保证隧洞有压流和无压流的水力过渡，同时避免了隧洞的空化空蚀破坏。经过右岸泄洪隧洞的实践，证明工程运行是安全的。

5.2.4　抗冲磨混凝土材料及温控设计

为提高混凝土的抗冲磨能力，糯扎渡工程对混凝土材料、结构分缝分块、温控设计、养护和表面保护等进行研究。主要研究内容如下：

1. 混凝土材料

溢洪道泄槽流速为 27～52.5m/s，对混凝土抗冲磨的要求较高。一般认为，混凝土耐磨损强度和抗空蚀强度随着混凝土抗压强度的增加而提高，同时还与混凝土本身的原材料及配比有关。糯扎渡工程针对泄槽高速水流区优先考虑用高掺气浓度理念解决空蚀破坏问题，而混凝土仅采用高标号常规混凝土。对于过流面高性能抗冲磨防空蚀材料，国内许多工程及科研机构对高强度的混凝土等抗冲磨材料进行了大量的测试与研究，在掺硅粉混凝土、掺钢纤维和聚丙烯纤维增韧防裂、聚脲高抗冲磨防护材料和喷涂技术等方面总结了许多经验，糯扎渡工程可行性研究阶段采用 C40 混凝土，并对掺硅粉和纤维的混凝土进行了重点研究。

试验成果如下：

（1）加入硅粉和纤维后混凝土抗冲磨性能略好于不加抗冲磨材料的高强混凝土，但收缩变形较大，总体性能较接近。

（2）高强混凝土水化热大，绝热温升较高，温控问题突出。考虑到不加入硅粉和纤维的高强混凝土性能可以满足抗冲蚀需要，加入抗冲磨材料后，混凝土和易性差，需加大胶凝材料用量，使温控问题更加突出。

综合考虑，该工程采用不添加硅粉及纤维的 $C_{180}55$ 高强混凝土作为溢洪道的抗冲蚀材料。针对泄槽高速水流区，优先考虑用高掺气浓度理念解决空蚀破坏问题，有效地提高了溢洪道高强混凝土的抗冲磨性。

2．结构分缝分块

溢洪道流速较高，泄槽底板横向结构缝处理不好，将会大大增加空蚀破坏及底板稳定的风险，因此对横向结构缝的设置和处理是保证工程正常运行的重点之一。为减少横缝和方便滑模施工，目前国内外底板横缝间距的发展趋势是越来越大，类比天生桥一级、鲁布革溢洪道工程，横向伸缩缝尽可能少设，糯扎渡水电站也采用尽量减少横缝数量的设计思路。

研究成果：泄槽底板的分缝分块考虑了温控要求及滑模施工要求，底板每 15m 宽设一道纵向伸缩缝；仅在掺气槽后的起始位置设横向伸缩缝，并采用掺气挑跌坎形成的有效空腔跨越横缝，避免了横缝遭受高速水流冲击（横向伸缩缝位置示意图见图 5.2－8）。陡槽段横缝间距为 65～128m。纵横伸缩缝均为无宽平缝，缝间设有铜片止水，减少横缝的同时还增强了横缝间止水能力。

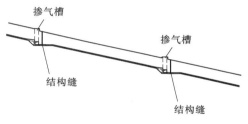

图 5.2－8　溢洪道泄槽横向伸缩缝位置示意图

3．温控设计

（1）混凝土温控标准。

1）容许最高温度。基于溢洪道抗冲磨混凝土浇筑块长不小于 60m 或通仓浇筑，4—10 月混凝土容许最高温度为 36℃，11 月至翌年 3 月混凝土容许最高温度为 34℃。

2）容许最大内外温差。抗冲磨混凝土内外温差不大于 18℃，普通混凝土内外温差不大于 20℃。

（2）温控措施。

1）控制拌和楼出机口温度不大于 16℃，混凝土浇筑温度不大于 19℃。

2）在满足浇筑计划的同时，应尽可能采用薄层、短间歇、均匀上升的浇筑方法。

3）由于混凝土早期温升较高，混凝土浇筑后立即覆盖保温材料。

4）溢洪道抗冲磨混凝土底板一次浇完，中隔墩不大于 1.5m。各部位混凝土浇筑时应严格控制间歇期，避免产生老混凝土。

试验成果如下：

1）由于混凝土早期温升较高，混凝土浇筑后立即覆盖保温材料，不利于早期混凝土表面散热，对控制最高温度不利，混凝土内部最高温度比不进行保温时高 2.5～3.5℃；

若待混凝土最高温度出现后再覆盖保温材料，也不会影响混凝土内部最高温度，且对减缓后期降温速率有一定作用。

2）在其他条件不变的情况下，浇筑温度由 19℃ 降到 15℃，混凝土内部最高温度降低约 2℃，有效地降低混凝土内部温度。

3）计算采用的二级配混凝土的绝热温升较三级配混凝土高 5℃，相同条件下混凝土内部最高温度升高 1.6～2.1℃。

4）低温季节浇筑混凝土，不进行通水冷却时混凝土最高温度可以控制在 32～35℃，但由于受外部气温的影响，混凝土内部温度迅速下降，35d 左右降到最低，由此产生第一次温度应力峰值，此应力峰值大于对应龄期混凝土允许拉应力。如在最高温度出现后开始对层面进行保温，可减缓浇筑初期的降温速率，早龄期混凝土拉应力值有所减小，可以控制在允许拉应力范围内，但富余很小。

（3）通水冷却。抗冲磨混凝土冷却水管呈蛇形布置，底板抗冲磨混凝土水管水平间距为 1.5m，垂直方向铺设一层水管；边墙及中隔墩抗冲磨混凝土水管间距按 1.5m×1.5m（水平×垂直）控制。

结合现场对混凝土拌和楼制冷系统进行扩容改造的实际情况，分别针对设计要求的混凝土浇筑温度不大于 19℃ 和拌和楼制冷系统扩容改造后可能达到的混凝土浇筑温度不大于 15℃ 分别提出不同的温控措施。

当混凝土浇筑温度不大于 19℃ 时，不同浇筑季节的通水冷却参数见表 5.2-5。

表 5.2-5　　不同浇筑季节混凝土的通水冷却参数表（浇筑温度不大于 19℃）

浇筑时间	级配	进口水温 /℃	参考通水流量/(m³/h)		最大降温速率/(℃/d)		通水结束时混凝土温度/℃
			前 5d	5d 以后	前 5d	5d 以后	
4—10 月	三级配	12～14	1.5～1.8	0.5～1.2	≤1	≤0.5	26～28
	二级配	10～12	1.8～2.0	0.5～1.2	≤1	≤0.5	26～28
11 月至翌年 3 月	三级配	12～14	1.2～1.5	0.5～1.2	≤1	≤0.5	24～26
	二级配	12～14	1.5～1.8	0.5～1.2	≤1	≤0.5	24～26

当混凝土浇筑温度不大于 15℃ 时，不同浇筑季节混凝土的通水冷却参数见表 5.2-6。

表 5.2-6　　不同浇筑季节混凝土的通水冷却参数表（浇筑温度不大于 15℃）

浇筑时间	级配	进口水温 /℃	参考通水流量/(m³/h)		最大降温速率/(℃/d)		通水结束时混凝土温度/℃
			前 5d	5d 以后	前 5d	5d 以后	
4—10 月	三级配	12～14	1.2～1.5	0.5～1.2	≤1	≤0.5	26～28
	二级配	12～14	1.5～1.8	0.5～1.2	≤1	≤0.5	26～28
11 月至翌年 3 月	三级配	14～16	1.2～1.5	0.5～1.2	≤1	≤0.5	24～26
	二级配	14～16	1.2～1.5	0.5～1.2	≤1	≤0.5	24～26

试验成果如下：

1）高温季节浇筑混凝土内部温度相对较高，混凝土温降及内外温差产生的拉应力也较大，不能满足抗裂安全系数大于 1.65 的要求。在混凝土内埋设冷却水管通水冷却后，混凝土内部最高温度可以控制在 33～36℃，同时在进入低温季节前覆盖表面保温材料，减缓降温速率，进一步控制混凝土内部拉应力，可将混凝土内部拉应力控制在允许拉应力范围内。

2）通水冷却作用在有效控制了混凝土最高温度的同时，也一定程度上减小了混凝土内外温差，均化了混凝土温度分布，通水冷却作用下的混凝土内部最大应力较其他方案减小较明显。

3）采取通水冷却措施可有效控制混凝土最高温度，一定程度上减小了混凝土内外温差，混凝土内部应力明显减小，进一步增大抗裂安全性。因此，低温季节浇筑混凝土也应在混凝土内埋设冷却水管，进行通水冷却。采取通水冷却措施后，混凝土最高温度可以控制在 31～33℃。

（4）养护和表面保护。采取的措施如下：

1）对混凝土收仓仓面及暴露的侧面进行保水养护，采用洒水、表面流水、表面蓄水或其他有效方法使表面保持潮湿状态。

2）保水养护从混凝土终凝后开始，保水养护时间不少于 180d，避免养护面干湿交替。对空气流通不畅的部位，适当延长养护时间。

3）对 10 月至翌年 4 月浇筑的混凝土，浇筑后第 7d 开始对暴露的表面覆盖等效热交换系数 $\beta \leqslant 9.0 \mathrm{kJ/(m^2 \cdot h \cdot ℃)}$ 的保温材料进行表面保护，保护至溢洪道过水前。

4）对 5—9 月浇筑的混凝土，在进入 10 月之前开始对暴露的表面覆盖等效热交换系数 $\beta \leqslant 9.0 \mathrm{kJ/(m^2 \cdot h \cdot ℃)}$ 的保温材料进行表面保护，保护至溢洪道过水前。

5）如遇气温骤降（日平均气温在 2～3d 内连续累计下降 6℃ 以上），及时对混凝土暴露的表面覆盖等效热交换系数 $\beta \leqslant 9.0 \mathrm{kJ/(m^2 \cdot h \cdot ℃)}$ 的保温材料进行表面保护。

试验成果如下：

1）选择保护效果好又便于施工的表面保护材料，采用厚度不小于 3cm 的聚苯乙烯泡沫塑料板，选定的保温材料进行现场试验，且验算等效热交换系数 β 值，并满足保护标准的要求。

2）上述措施应用到糯扎渡水电站泄洪建筑物中，大大增强了大面积薄层高强度抗冲磨混凝土的质量，为工程质量安全提供了保障。

第 6 章

引水及尾水建筑物

6.1 概述

糯扎渡水电站地下引水系统位于左岸溢洪道和左岸泄洪隧洞之间的天然缓坡平台下方，其中引水建筑物按单机单管布置，水电站进水口布置在勘界河左岸，单机引用流量为 $381\text{m}^3/\text{s}$。尾水建筑物按三机共用一座调压室、一条尾水隧洞布置，其中 1 号尾水隧洞与 2 号导流隧洞相结合。尾水调压室采用圆筒阻抗式。

6.1.1 引水建筑物

引水系统布置在左岸，由引水渠、进水口、引水隧洞和压力钢管组成。

图 6.1-1 水电站进水口

（1）水电站进水口（见图 6.1-1）。水电站进水口布置在勘界河左岸，较好地利用了勘界河的有利地形，开挖量小，边坡也不高。进水塔下游边墙距主厂房上游边墙 190.5m，左边缘距溢洪道右边墙 38.58m。为了减小对溢洪道泄流的影响，引水道采用对称收缩、独立的岸塔式单管单机形式布置。进水口引水渠长 130～210m，底宽为 225m，底坡 $i=0$。

为了尽可能减少推移质及施工弃渣进入引水隧洞，引水渠底板高程比进水口低 1.5m，为 734.50m。引水渠底板基础大部分为新鲜的花岗岩和沉积角砾岩，岩石整体稳定性好，强度满足要求，不用进行衬护。

进水塔与主厂房平行布置，前沿长度为 225m，塔顶部位因布置门机轨道需要，以悬挑牛腿形式向 1 号、9 号机外侧各悬挑 5.6m，增加塔顶平台长度至 236.2m，塔体顺水流方向宽 35.2m，最大高度为 88.5m。进水塔 780.00m 高程以下部分紧靠后部直立边坡，780.00m 高程以上进水口边坡因地形、地质条件原因放缓开挖坡比而与塔体分离。取水口底板高程为 736.00m，塔顶高程同大坝坝顶高程为 821.50m。进水塔顺水流向依次布置工作拦污栅、检修拦污栅（叠梁门）、检修闸门、事故闸门和通气孔；其中检修拦污栅与叠梁门共用检修拦污栅槽。拦污栅按每台机 4 孔布置，孔口尺寸为 3.8m×66.5m（宽×高）；叠梁门最大挡水高程为 774.04m，叠梁门按每台机 4 孔布置，孔口尺寸为 3.8m×38.04m（宽×高），分成 3 节，每节高度均为 12.68m；在叠梁门之后按单机单孔布置闸门，检修闸门孔口尺寸为 7m×12m（宽×高），事故闸门孔口尺寸为 7m×11m（宽×高），通气孔孔口尺寸为 7m×2m（宽×高）。

进水口对外交通分别通过位于 1 号塔、7 号塔的两座交通桥与公路连接，可满足施工后期及运行期交通要求。两座交通桥均为预应力混凝土简支箱梁桥，1 号桥桥跨布置为 2×25m，全长 51.38m；2 号桥桥跨布置为 3×25m，全长 81.02m。桥面宽 6m，行车道宽 4.9m，设计荷载汽-55，挂-120。

进水口上游在勘界河口设置永久拦污漂，并采用叠梁门分层取水进水口型式。

叠梁门整个挡水高度分成 4 挡。当水库水位高于 803.00m 时，门叶整体挡水，挡水闸门顶高程为 774.04m，此为第一层取水；当水库水位高程为 803.00～790.40m 时，吊起第一节叠梁门，仅用第二、第三节门叶挡水，此时挡水闸门顶高程为 761.36m，此为第二层取水；当水库水位为 790.40～777.70m 时，继续吊起第二节叠梁门，仅用第三节门叶挡水，此时挡水闸门顶高程为 748.68m，此为第三层取水；当水库水位降至 777.70m 以下至 765.00m 时，继续吊起第三节叠梁门，无叠梁门挡水，此为第四层取水。

不同分层取水工况下进水口前的最大流速为 0.6～0.8m/s、最大过栅流速为 1.3～1.6m/s，水头损失为 0.48～1.97m，水头损失系数为 0.27～1.1。

（2）引水隧洞（见图 6.1-2）。进水口后依次接 1～9 号引水隧洞。1～9 号引水隧洞设计引用流量均为 $381m^3/s$，引水隧洞内流速为 5.73m/s，压力钢管道内流速为 6.26～9.36m/s。长度为 320～330m，沿程由进口渐变段、上平段、上弯段、竖井段、下弯段、下平段组成引水隧洞，内径为 9.2m，衬砌厚度为 0.8m；钢衬段内径为 8.8～7.2m，采用 610MPa 高强钢，厚度为 40～56mm。

（3）压力钢管（见图 6.1-3）。引水道下平段 55.5m 为压力钢管段。前 32m 内径为 8.8m，回填混凝土厚度为 0.8m；后接 18m 圆形渐缩段，内径为 8.8～7.2m；厂前最后 5.5m 内径为 7.2m，回填混凝土厚度为 0.8～2.2m。

图 6.1-2　引水隧洞

图 6.1-3　压力钢管

压力钢管段为地下埋管，考虑到该工程压力钢管承受的内、外水压力较高（最大静水头为 215m，最大水击压力为 30.5m，外水压力计算水头为 60m），管径较大等实际情况，为减小钢管壁厚并方便施工，钢材选用 610 级高强钢板。压力钢管第一段长 41m，按埋管的强度设计值和结构系数控制；第二段长 14.5m，按明管的强度设计值和结构系数控制。经计算，管壁厚度为 40～56mm。

为有效降低库水顺压力钢管外壁和混凝土间接合面的渗漏，避免钢管承受过大外压，在距压力钢管起始端 200mm 处管壁外开始连续设三道阻水环。

6.1.2 尾水建筑物

（1）尾水支洞。1～9号尾水支洞平行布置，洞轴线间距同机组中心间距，为34m，隧洞底板为平坡设计，高程为563.50m。尾水调压室布置在机组尾水检修闸门室下游侧，调压室与尾水检修闸门室轴线距离42.5m，采用"三机一井"的布置型式，调压室中心间距为102m，尾水调压室结构型式采用带上室的圆筒阻抗式尾水调压室，3个尾水调压室上部之间由连通上室连接。尾水调压室顶拱为球冠形，穹顶高程为652.80m，下部为圆筒形。

引水及尾水隧洞平面布置见图6.1-4。

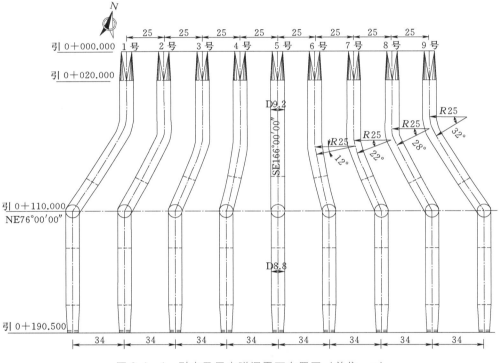

图6.1-4 引水及尾水隧洞平面布置图（单位：m）

（2）尾水调压室。由于调压室规模巨大，经综合分析并参考已建工程经验，采用圆筒阻抗式。

尾水调压室布置在机组尾水检修闸门室下游侧，与尾水检修闸门室轴线距离42.5m，中心间距为102m。采用"三机一井"的布置型式，结构型式采用带上室的圆筒阻抗式尾水调压室。3个尾水调压室上部之间由连通上室连接。

尾水调压室顶拱为球冠形，下部为圆筒形。可行性研究阶段3个尾水调压室采用相同的圆筒形状，圆筒内径为33m，圆形阻抗孔孔口直径为10.5m。尾水调压室之间连通上室的底板高程为626.50m，调压室之间长69m，断面为城门洞形，净空尺寸为12m×16.35m（宽×高），中部设驼峰堰，堰顶高程为629.50m。

　　1号尾水调压室圆筒内径为27.8m，2号、3号尾水调压室圆筒内径为29.8m，圆形阻抗孔孔口直径为10.5m。尾水调压室底部为平面四岔口（上游与3条尾水支洞连通，下游与1条尾水隧洞连通）、立体五岔口（顶部与调压井井筒连通）结构型式，底板高程为563.50m；尾水调压室之间连通上室的底板高程为626.50m，1号、2号尾水调压室之间长72m，2号、3号尾水调压室之间长71m，断面为城门洞形，净空尺寸为12m×16.35m（宽×高），中部设驼峰堰，堰顶高程为629.50m；连通上室上游边墙在1号和2号尾水调压室、2号和3号尾水调压室中间位置布置两条通风洞与尾水检修闸门室连通，尾水检修闸门室一端底板高程为643.00m，连通上室一端底板高程为637.00m，通风洞长30.6m，断面为城门洞形，净空尺寸为6.8m×6.8m（宽×高）。调压室平面图和剖面图见图6.1-5和图6.1-6。

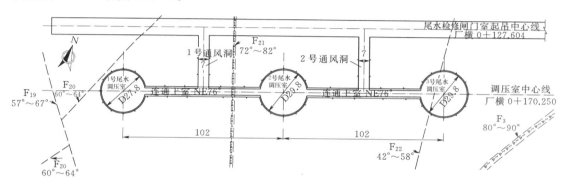

图6.1-5　调压室平面图（单位：m）

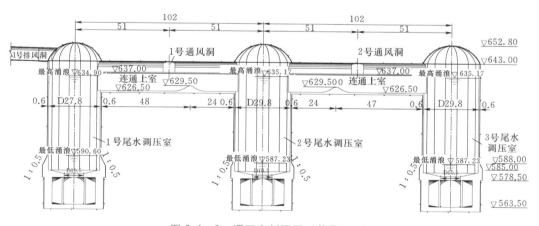

图6.1-6　调压室剖面图（单位：m）

6.2　主要创新技术

6.2.1　水电站进水口设计

　　针对下泄低温水对下游生态会造成严重不良影响的问题，该工程全面、系统地进行了大型水电站进水口分层取水研究，并在大型水电站分层取水进水口型式选择、流域梯级水温累积影响研究、水温模型在大尺度水域的模拟应用、水温分布物理模型试验、建立水弹性模型进行叠梁门过流的流激振动试验研究、进水口三维设计、考虑地震行波效应的进水口结构响应研究、进水口在水动力荷载作用下的结构响应研究、基于流固耦合方法的进水口波浪荷载研究、进水口整体塔群各塔段相互碰撞关系研究等方面提出了创新性的研究成果。通过研究，推荐进水口采用安全、经济和合理的叠梁门分层取水型式。创新性研究成果如下：

（1）结合糯扎渡水库运行方式及特性，对水库分层取水的控制水位进行选择，通过综合比选，推荐采用叠梁门多层取水进水口方案。该方案可以引进水库表层水，减免下泄低温水对下游生态的影响，实现水电开发和环境保护兼顾的目标。

（2）采用水温预测数值分析，应用一维及三维水动力学水温模型对水温结构进行研究。采用了相似工程的实测资料对水温模型参数进行率定，水温影响研究考虑了澜沧江中下游梯级水电站开发水温累积影响。

（3）应用三维数值分析对大型水电站进水口的水力特性进行了系统的研究，应用三维数值模拟和水工模型试验进行水力特性研究，对糯扎渡水电站多层进水口叠梁门进行了流激振动模型试验，分析了叠梁门过流特点及安全性，其研究成果对大型水电站进水口叠梁门的设计和安全运行具有重要的指导意义。

（4）利用数值模拟和物理模型试验两种研究手段，系统地研究了进水口叠梁门方案的下泄水温，得出了下泄水温的一般规律：在水温模型试验中，提出了直接模拟水温的新方法，形成稳定的多层水温分布，直接测量取水口的下泄水温。

（5）以糯扎渡水电站叠梁门取水口为研究对象进行三维设计，在数字模型空间分析中实现了测量、碰撞检测、剖视、浏览与移动、三维和二维批注以及三维参数化设计。

（6）在进水口结构分析中考虑地震行波效应对取水口结构响应的影响，模拟了大型水电站高耸取水口结构在地震作用下的响应；同时采用了接触单元来模拟塔段间相互作用，研究大型水电站取水口结构在地震非一致激励作用下，各塔段间的接触压力、接触摩擦力、缝间张开距和碰撞等相互作用。

（7）针对叠梁门取水方案，研究在不同工况下泄流形式以及水动力荷载对取水口结构的影响。

（8）将流固耦合方法应用于取水口波浪荷载研究，优化了物理模型，并能真实地反映波浪对取水口结构的影响。

综上所述，该项目采用国际最新的试验方法和数值模拟分析及设计技术，率先在国内开展了大型水电站进水口分层取水关键技术研究，提出了适合糯扎渡水电站的分层取水型式和水库运行要求。叠梁门多层取水电站运行的灵活性较高，可减免高坝大库的下泄低温水对下游水生生物的影响，实现水电开发和环境保护兼顾的目标，具有广泛的应用前景，且与招标设计推荐的双层取水方案相比，节省工程总投资 1.4 亿元，多年平均年发电量增加 0.18 亿 kW·h。研究成果总体达到国际先进水平。

大型水电站进水口分层取水研究成果获得 2011 年云南省科技进步一等奖。

6.2.2　尾水调压室优化

由于尾水管线较长，3 条尾水隧洞长度分别为 479.071m、473.353m 和 464.505m，水轮机调速器的调节能力和调节保证计算不能满足规范要求，需要布置调压设施。由于工程规模巨大，下游水位变幅也较大，不适合采用变顶高尾水隧洞等其他调压措施，因此采用常规调压室方案。

针对尾水调压室，采用由尾水调压室上部开挖位移监测数据所反演的岩体力学参数进行正演分析，得到整个研究区域特别是尾水调压室底部岔口复杂部位的应力变形。由反馈分析可知，洞室表现稳定。调压室施工期适时支护，并对调压室初期支护施工期、运行期进行三维有限元计算、动态稳定性分析。二次衬砌支护方案根据井筒衬砌的不同高度分为四种，通过结构弹性、弹塑性有限元分析，确定采用井筒全衬砌方案。按全衬砌方案实施，满足安全运行要求。尾水调压室复杂结构分析研究优化了开挖、支护和二次衬砌，指导了施工，降低了投资，可供类似大型水电站工程参考。创新性研究成果如下：

（1）尾水调压室选型方案创新。由于调压室规模巨大，经综合分析并参考已建工程经验，宜采用阻抗式调压室。可行性研究阶段按调压室面积基本一致的原则布置了长廊式和圆筒式两种尾水调压室进行比较。

从布置上来看，长廊式调压室方案减少了单独的尾水闸门室，较圆筒式调压室方案减少了一个主要洞室，枢纽布置更为紧凑，洞室间距调整余地大，优于圆筒式调压室。

从地质条件来看，两个方案均布置在地质条件较好的区域，都避开了规模较大的Ⅱ级 F_3 断层（长廊式距 F_3 断层约 28m，圆筒式距 F_3 断层约 30m）。但断层对长廊式调压室的围岩稳定影响较大，支护难度较大。

从计算分析的角度来看，通过围岩稳定分析比较：

1）围岩破坏区比较，两方案基本相似。但在主变室和调压室洞室周围的塑性区分布大为不同。首先，由于圆筒式方案中的调压室和主变室之间有一尾水检修闸门室，尾水检修闸门室尺寸相对较小，而圆筒式调压室的力学性能较好，这一区域的围岩塑性区并未发生塑性区贯穿现象。而长廊式调压室方案，在无支护情况下的开挖分析中，出现了主变室和调压室之间岩柱被塑性区贯穿的现象。长廊式调压室底部与尾水支洞和尾水隧洞交叉部位的塑性区分布比圆筒式更为集中和明显。长廊式调压室方案产生的调压室高边墙问题比较突出。就成洞以后破坏区体积的大小而言，长廊式调压室方案的破坏区体积明显大于圆筒式调压室方案，见表 6.2-1。可以看出，在无支护条件分期开挖的第 1 期到第 5 期，两个方案的破坏区体积基本相同，但到第 6 期、第 7 期开挖，长廊式调压室方案由于调压室高边墙的形成和尾水支洞的开挖，破坏区体积急剧增加，比圆筒式调压室方案破坏区体积多了 33.4%。因此，圆筒式调压室方案和长廊式调压室方案相比，在破坏区的分布和体积大小方面，圆筒式调压室方案较优。

2）洞周位移大小对比。从表 6.2-2 可以看出，在主厂房、主变洞两方案的位移大小基本相同，差别不大。在调压室洞周位移长廊式普遍大于圆筒式，这就再一次验证了圆筒式调压室在力学上的优越性。

表 6.2 - 1   无支护条件下破坏体积对比   单位：万 m^3

分期	圆筒调压井方案				长廊式调压井方案			
	回弹体积	塑性体积	开裂体积	总破坏量	回弹体积	塑性体积	开裂体积	总破坏量
1	0.000	1.145	0.114	1.259	0.000	1.166	0.120	1.287
2	0.072	1.846	0.379	2.301	0.590	1.770	0.265	2.097
3	0.201	3.552	0.921	4.674	0.133	3.446	0.529	4.109
4	0.964	7.826	2.217	11.011	0.678	7.313	1.851	9.846
5	1.694	12.876	5.084	19.655	1.183	12.954	4.681	18.849
6	2.802	13.964	6.116	22.899	2.416	16.873	5.930	25.232
7	4.484	16.045	8.050	28.594	3.847	24.229	10.065	38.149

表 6.2 - 2   无支护情况洞周位移对比   单位：cm

部位	顶拱		上游边墙		下游边墙		底板	
	圆筒式	长廊式	圆筒式	长廊式	圆筒式	长廊式	圆筒式	长廊式
主厂房	3.82	3.89	5.12	5.20	3.20	2.45	4.40	4.61
主变洞	2.46	2.60	1.79	1.96	3.53	2.31	6.34	4.12
调压室	1.17	1.34	1.00	3.38	1.21	3.00	0.87	2.28

3）锚杆应力对比。长廊式调压室方案的调压室顶拱和上下游边墙的锚杆应力普遍大于圆筒式调压室方案。

综合上面的比较分析，从三维有限元计算分析的结果来看，圆筒式调压室方案要优于长廊式调压室方案。

通过对比衬砌结构：圆筒式调压室结构受力条件较好，抗外压和抗内压均是最优断面。长廊式调压室的高直边墙结构抗外压较差，该区域天然地下水位较高，最大外水水头达 140m，考虑厂区排水的作用仍不小于 40m（最下一层排水廊道高程为 605.00m），结构处理难度较大。

通过对比室内流态：长廊式调压室由于和尾水检修闸门室布置在一起，调压室工作时，尾水检修闸门闸墩处很难避免产生立轴漩涡，使调压室内部流态较差。而圆筒阻抗式的流态更为优越，只要满足孔口淹没水深，就可以避免漩涡的产生。

通过对比过渡过程：从过渡过程角度分析，两者差别不大。根据大波动计算结果，长廊式最高涌浪比圆筒式低 0.14m，最低涌浪比圆筒式高 0.74m，小波动和水力干扰差别很小。

通过对比施工条件：从开挖、支护和混凝土衬砌等施工条件来看，长廊式调压室略优，但两者差异不大。

通过对比工程量和投资估算：由于长廊式调压室围岩稳定比圆筒式调压室差，支护量大，虽然少一条洞，工程量仍比圆筒式调压室多。圆筒式调压室和长廊式调压室投资估算（含机组尾水检修闸门室）分别为 21381.51 万元和 28230.54 万元，圆筒式调压室造价比长廊式调压室少 6849.03 万元。

综合比较长廊式和圆筒式两种调压室方案的布置、地质条件、围岩稳定分析、衬砌结构、室内流态、过渡过程、施工条件、工程量和投资估算，调压室型式确定为圆筒抗阻式。

（2）尾水调压室布置创新。尾水调压室顶拱为球冠形，下部为圆筒形。可行性研究阶段 3 个调压室采用相同的圆筒形状，圆筒内径为 33m，圆形阻抗孔孔口直径为 10.5m。尾水调压室之间连通上室的底板高程为 626.50m，调压室之间长 69m，断面为城门洞形，净空尺寸为 12m×16.35m（宽×高），中部设驼峰堰，堰顶高程为 629.50m。

大型地下水电站设计中常将导流隧洞与水电站尾水系统结合，以减少工程量，加快施工进度，节约工程投资。如果能够利用导流隧洞减小调压室断面面积，无疑具有重大的实用价值。

为了减小尾水调压室规模、降低施工难度、确保施工安全，结合尾水管底板降低和利用 2 号导流隧洞等因素，对尾水调压室开展了优化设计。

由于 1 号尾水调压室距离 2 号导流隧洞较近，考虑利用 2 号导流隧洞优化 1 号尾水调压室的规模。1 号尾水隧洞与 2 号导流隧洞结合。

经综合比较调整后，1 号尾水调压室圆筒内径为 27.8m，2 号、3 号尾水调压室圆筒内径为 29.8m，圆形阻抗孔孔口直径为 10.5m。尾水调压室底部为平面四岔口（上游与 3 条尾水支洞连通，下游与 1 条尾水隧洞连通）、立体五岔口（顶部与调压井井筒连通）结构型式，底板高程为 563.50m；尾水调压室之间连通上室的底板高程为 626.50m，1 号、2 号尾水调压室之间长 72m，2 号、3 号尾水调压室之间长 71m，断面为城门洞形，净空尺寸为 12m×16.35m（宽×高），中部设驼峰堰，堰顶高程为 629.50m；连通上室上游边墙在 1 号和 2 号尾水调压室、2 号和 3 号尾水调压室中间位置布置两条通风洞与尾水检修闸门室连通，尾水检修闸门室一端底板高程为 643.00m，连通上室一端底板高程为 637.00m，通风洞长 30.6m，断面为城门洞形，净空尺寸为 6.8m×6.8m（宽×高）。优化调整后的调压室平面图和剖面图见图 6.2－1 和图 6.2－2。

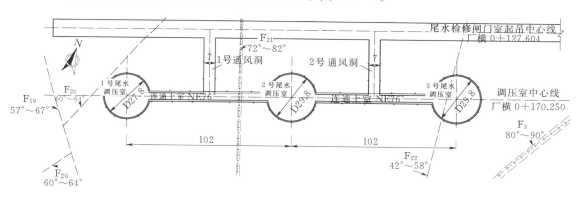

图 6.2－1 优化调整后的调压室平面图（单位：m）

（3）尾水调压室复杂结构有限元分析研究。

1）通过初期支护施工期、初期支护运行期、初期支护动态稳定三维有限元计算分析，调压室洞室表现稳定。存在局部不稳定块体，通过工程措施对不稳定块体进行加强支护，满足了安全运行要求。

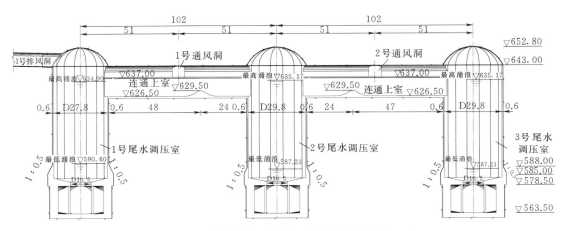

图 6.2-2 优化调整后的调压室剖面图 （单位: m）

2）二次衬砌支护方案根据井筒衬砌的不同高度分为四种，通过结构弹性、弹塑性有限元分析，采用井筒全衬砌方案。按全衬砌方案实施，满足安全运行要求。

第 7 章

发电厂房建筑物

7.1 概述

糯扎渡水电站地下引水发电系统位于左岸溢洪道和左岸泄洪隧洞之间的天然缓坡平台下方，整个引水发电系统地下洞室群纵横交错、规模宏大，属大型地下洞室群，规模居国内乃至世界前列。其中地下发电厂房垂直埋深为 $184\sim220m$，水平埋深大于265m，主厂房、主变室、尾水闸门室和尾水调压室等主要洞室在布置上避开了厂区附近的 F_1 和 F_3 两条主要断层的影响，并完全位于微风化～新鲜花岗岩体内。厂房总体布置见图 7.1-1。

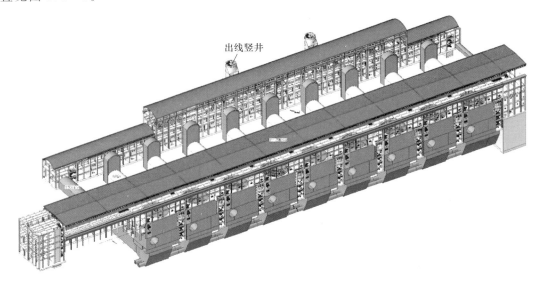

图 7.1-1 厂房总体布置图

7.1.1 发电厂房建筑物布置

发电厂房建筑物主要由地下厂房洞室群及高程为821.50m的平台地面建筑物组成。

（1）地下厂房洞室群。地下厂房洞室群主要包括地下主副厂房、主变室（含GIS室）、母线洞、出线竖井、地下厂房运输洞、厂区防渗排水系统以及各类交通、通风辅助等60余条地下洞室。

主副厂房开挖尺寸为 $418m\times31m\times81.6m$（长×宽×高），厂房纵轴线方位角为NE76°。其左侧通过主厂房运输洞通向运输洞洞口回车场，下游侧上方通过主变运输洞、交通洞及9条垂直于厂房纵轴线的母线洞通向其下游的主变室，下游侧下方通过9条垂直于厂房纵轴线的尾水管扩散段、尾水支洞通向下游的尾水闸门室。

主变室平行布置于主副厂房下游，开挖尺寸为 $348m\times19m\times23.6m$（长×宽×高），两侧低洞段高度为23.6m，中间高洞段高度为38.6m，纵轴线方位角为NE76°。其左侧通过主变交通洞接主厂房运输洞通向运输洞洞口回车场，上游侧通过主变运输洞、交通洞及母线洞通向主副厂房，下游侧布置 2 条出线竖井（内设楼梯及电梯）通向其上方的高程为 821.50m 的平台地面副厂房。

在距离厂区下游约 1.5km 位置的河道左岸平缓地形部位布置了运输洞洞口回车场，主厂房运输洞、尾闸运输洞由此进入厂区，分别与地下主副厂房、尾水闸门室相连，是厂区对外交通、运行期维护及检修的主要通道。

在主厂房、主变室、尾水闸门室、尾水调压室间以及地面高程为 821.50m 的平台间设置了进风竖井、主副排风洞及竖井、1～2 号进风洞、1～2 号排风洞、1～2 号通风洞、事故排烟洞及消防通道等，保证地下发电厂房建筑物在施工、运行期间的通风与排风要求。

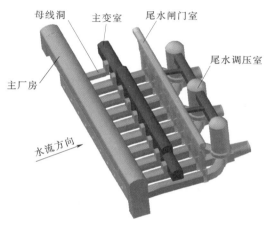

图 7.1-2　厂区主要洞室

在洞室群四周设 3 层排水平洞，上下层排水平洞间设垂直排水孔，在主厂房、主变室顶部分别设"人"字形排水幕，最终的厂区渗水由第 3 层排水洞汇入主厂房渗漏集水井，并经抽排系统排出厂区。其中第一层排水洞左侧与主厂房运输洞相连，并通过 5 条疏散通道通向主厂房发电机层上游侧边墙，兼作为地下厂房上游侧的紧急疏散通道。厂区主要洞室见图 7.1-2。

（2）高程为 821.50m 的平台地面建筑物。高程为 821.50m 的平台地面建筑物主要包括地面副厂房、500kV 出线场、排水管网、平台道路以及各类进风、排风楼等。500kV 出线场及地面副厂房全貌见图 7.1-3。

图 7.1-3　500kV 出线场及地面副厂房全貌

7.1.2 发电厂房建筑物结构

（1）地下厂房结构。该水电站地下厂房主要由副安装场、主机间、安装场、地下副厂房组成，其平面布置和立面布置见图7.1-4和图7.1-5。

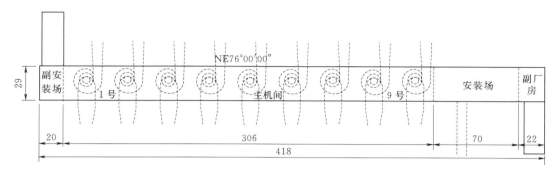

图7.1-4 地下主副厂房平面布置图（单位：m）

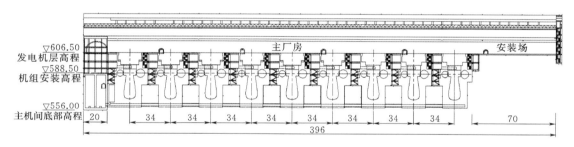

图7.1-5 地下主厂房立面布置图（单位：m）

1）副安装场。副安装场长20m，主要由渗漏（检修）集水井、渗漏（检修）集水井至发电机层框架结构、岩壁吊车梁、钢网架屋面、2号空调机室等组成。

2）主机间。主机间长306m，内装9台650MW水轮发电机组，机组间距为34m。主机间共设有7层，分别为发电机层、中间层、水轮机层、蜗壳层、机组供水设备层、盘型阀排水设备层及尾水管层，吊车梁采用岩壁吊车梁，主厂房发电机层设有楼梯下至最底层盘型阀排水设备层。地下厂房内部主机间见图7.1-6。

3）安装场。安装场长70m，开挖跨度同主机间，由高程599.00～606.50m间框架结构、安装场工位底板、岩壁吊车梁、钢屋架等组成。

4）地下副厂房。地下副厂房布置于主厂房左侧端部，开挖跨度同主机间，内部为钢筋混凝土框架结构，框架结构总尺寸为22m×29m×43.1m（长×宽×高），顺水流方向共布置有6榀框架，共分6层布置。

（2）蜗壳机墩结构。该水电站发电机组单机容量为650MW，蜗壳设计最大HD值为1820m²，属高水头、大容量、高HD值机组，正确、合理地选择机墩及蜗壳结构型式，不仅是重大的技术经济问题，而且关系到水电站的安全运行。水电站机墩结构型式为：上游侧为方形，下游侧为圆形。机墩内直径为11m，厚度为5.3m（靠上游墙侧厚度为5.85m），机墩混凝土强度等级为C25。

图 7.1-6　地下厂房内部主机间

7.2　主要创新技术

7.2.1　地下洞室支护设计优化

主厂房与主变室之间的净间距为 44.75m，为两相邻洞室平均开挖宽度的 1.79 倍；主变室与尾水闸门室的净间距为 28.5m，为两相邻洞室平均开挖宽度的 1.9 倍；尾水闸门室与圆筒式调压室的净间距为 19.5m，为尾水闸门室开挖宽度的 1.77 倍。

针对地下厂房各洞室之间插口多，尤其是尾水隧洞、尾水调压室、尾水支洞间形成的五岔口挖空率高达 47% 左右，各工种、工序间交叉作业多等情况，进行地下厂房洞室群开挖支护设计，优化开挖支护方案，对于地下厂房洞室群施工稳定、节约材料有重要意义。在施工期该工程根据开挖过程中不断丰富的信息来修正和完善洞室的开挖与支护设计，采用动态反馈分析方法进行了支护设计优化。

（1）动态反馈分析方法。根据厂房分层开挖的特点，基于洞室开挖过程中围岩变形、锚固以及锚索监测数据等现场最新监测资料，结合洞室开挖后揭示的围岩工程地质条件和表现出的变形破坏模式，在总结前一阶段围岩稳定分析的研究成果基础上，跟随现场实际开挖，结合现场监测数据、工程类比、前期实践经验等，采用动态反馈分析方法进行了支护设计及优化，达到了安全、合理、经济的效果。

（2）动态反馈分析方法的实施。

1）监测资料分析。通过布置在洞室群先期开挖部位（第一层排水平洞、主厂房上部顶拱等）的多种监测仪器所采集到的监测信息，分析现场开挖引起的围岩力学响应（围岩位移、岩体内部围岩应力、破损区大小、锚杆/锚索应力等），预测下一步开挖对围岩的影响，并据此为后续的动态设计提供支持。

2）支护方案的动态优化。通过对监测资料的分析，结合洞室开挖揭示出的最新地质条件，综合考虑现场实施的可行性，实时对施工过程中的下一步开挖支护方案进行了预测分析和动态调整，主要包括不同类别的支护区域调整，以及锚杆间距、锚索拉力、随机支护等围岩支护参数和方案的优化等。

综上，该水电站地下洞室群在施工期根据现场分层开挖以及实际揭露的地质情况，通过数值模拟技术手段，紧密结合监测资料，充分发挥了支护结构的承载力及约束围岩变形作用，在保证洞室围岩稳定安全的前提下，采用动态反馈分析技术的理念及手段，优化调整了支护参数，使得支护设计成果更加科学、合理，并通过数值计算三维模型进行了计算复核，计算结果与监测资料基本接近。现地下洞室群已安全、正常运行多年，动态支护优化设计达到了预期的效果。

经动态调整和优化后，后续的监测资料表明，在厂房开挖的后期，围岩变形、锚杆应力、锚索锁定荷载等各项监测数据均已经趋于平稳收敛、稳定，并与动态优化后数值计算成果基本吻合，现地下厂房已正常运行多年，开挖支护动态设计取得了预期的效果。

7.2.2 大型水电站机墩蜗壳型式设计优化

水电站机组蜗壳进口直径为 7.2m，尺寸巨大，承受的内水压力较高，正常运行水压力达 2.22MPa，最大水压力（含水击压力）为 2.8MPa，蜗壳设计最大 HD 值为 1820m²，属高水头、大容量、高 HD 值机组。

正确、合理地选择机墩及蜗壳埋设结构型式，不仅是重大的技术经济问题，而且关系到水电站的稳定和安全运行。

该项目通过大量的科学分析计算，研究金属蜗壳在高雷诺数强脉动水流作用下的振动特性，确定了采用蜗壳保压浇筑混凝土的结构型式；通过三维有限元线性、非线性计算和大型蜗壳仿真模型试验，对金属蜗壳应力、蜗壳外围混凝土、机墩结构及配筋、风罩温度工况下的结构分析、机墩蜗壳共振复核及厂房内原动力作用下振动反应等分析研究，并将研究成果充分运用于设计中，取得了较好的技术经济效果。

之后，通过对蜗壳埋设方式的比较和研究，确定采用充水保压方式。保压值的选定是充水保压式蜗壳要研究的主要问题，通过对蜗壳及外围混凝土的设立特点分析，结合工程类比，初步确定保压值取水电站正常运行时的最小静水头 176.5m，在此基础上开展了蜗壳仿真材料结构模型试验，并在此基础上进行了三维非线性有限元计算复核。对比后的结果表明，模型试验和有限元数值计算的成果和规律总体上是一致的，蜗壳及外围混凝土结构是安全的，保压值取 1.8MPa 是合理的。

进行机墩动力计算校核机墩强迫振动和自振之间是否会发生共振现象、验算振幅是否在容许范围内、校核动力系数等，确保机墩蜗壳结构稳定。将以上研究成果充分运用于设计中，取得了较好的技术经济效果。

鉴于该水电站蜗壳结构运行条件、受力条件及体型规模的复杂性，对其结构型式进行了专题研究，采用三维有限元计算分析机墩及蜗壳外包混凝土的内力配筋，并优选机墩蜗壳结构型式。创新性研究成果如下：

（1）蜗壳型式选择。

1）蜗壳的埋设方式。蜗壳的埋设方式一般有直埋式、弹性垫层式及充水保压式，三种埋设方式在近年的水电站工程中均得到了广泛运用。对该水电站蜗壳的埋设方式进行了深入的研究和比较，经综合分析后认为：

A. 该水电站机组蜗壳规模、水头均较大，若采用直埋式、弹性垫层式，蜗壳外围混凝土或蜗壳自身承担的内水荷载较大；采用充水保压式，内水荷载可按照一定比例由蜗壳金属材料和蜗壳外围混凝土进行分担，这样既能充分利用钢蜗壳材料的承载能力，又能有效地控制外围混凝土的应力水平，并使钢蜗壳与外围混凝土都比较充分发挥作用，取得最优的配合，从而提高金属蜗壳与外围混凝土联合承载的效率，实现技术合理、安全经济。

B. 采用充水保压蜗壳，钢蜗壳及蜗壳外围混凝土内应力比较均匀，受力条件较好。

C. 机组运行时，充水保压蜗壳能贴紧外包混凝土，使座环、蜗壳与大体积混凝土结合成整体，增加了机组基础的刚性，能够避免钢蜗壳在运行时承受动水压力的交变荷载和因此产生的变形，增加了其抗疲劳性能，并可以依靠外围混凝土减少蜗壳及座环的扭转变形，上述优势均减少了机组振动和变形，有利于机组的稳定运行，更适用于该水电站大型机组。

D. 蜗壳采用充水保压结构，减少了外围混凝土承担的荷载，省去了垫层及蜗壳内支撑，可以节省一定费用及安装周期。

E. 蜗壳内的水重可以抵抗部分外围混凝土浇筑时的上浮力，节省拉固措施，并通过蜗壳内水的循环调节其温度，有利于混凝土浇筑时的冷却，提高混凝土浇筑速度、缩短工期。

F. 从国内外大型、特大型水轮机蜗壳结构型式研究与应用现状来看，单机容量超过500MW机组的水电站采用充水保压蜗壳居多。国内的天生桥二级（单机容量为220MW）、二滩（单机容量为550MW）、天荒坪抽水蓄能（单机容量为300MW）、三峡后期机组（单机容量为700MW）、小湾（单机容量为700MW）等工程，以及国外单机容量超过500MW的水电站如大古力、古里、伊泰普等均广泛采用。

综上分析，该水电站蜗壳的埋设方式采用充水保压式。

2) 充水保压值的确定。蜗壳充水保压值的确定是充水保压式蜗壳需考虑的主要问题之一，在目前已实施的各类似规模工程中，保压值的确定原则并不是恒定不变的，应按照各工程实际情况进行合理分析及选择。类比已实施的部分类似工程的保压成果见表7.2-1。

表 7.2-1 我国部分类似规模水电站充水保压蜗壳的保压值

序号	电站名称	单机容量/MW	最大静水压力/MPa	保压值/MPa	保压值与最大静水压力比值
1	小湾	700	2.60	1.90	0.73
2	二滩	550	1.94	1.94	1.00
3	瀑布沟	600	1.89	1.40	0.74
4	天荒坪	300	6.80	5.40	0.79
5	三峡	700	1.18	0.70	0.59
6	广蓄一期	300	5.40	2.70	0.50

可以看出，保压值与最大静水压力比值在 0.5～1.0 之间均有成功实施范例。对于该水电站，单机容量为 650MW，最大静水压力为 2.22MPa，保压值的考虑范围为 1.11～2.22MPa，但是，由于最低运行静水头为 176.5m，按上述第 2）条分析，保压值不应低于 1.77MPa。因此，保压值选择范围可进一步缩小为 1.77～2.22MPa。

该水电站保压值确定的原则为：在蜗壳外围混凝土受力、变形等满足各荷载工况要求的前提下，在最小静水头为 176.5m（死水位至水轮机安装高程）以下的荷载，由钢蜗壳单独承担；176.5m 以上的荷载由钢蜗壳与蜗壳外围混凝土联合承担，即保压值考虑大于 1.77MPa 即可，在此基础上，采用了三维有限元计算复核以及开展了蜗壳仿真材料结构模型试验，对保压值的合理性进行了验证，最终确定保压值采用 1.8MPa，保压值与最大静水压力之比为 0.81。该水电站厂房机组蜗壳安装及充水保压时的现场照片见图 7.2－1。

（a）蜗壳安装现场　　　　　　　　　　　　　（b）充水保压现场

图 7.2－1　蜗壳安装及充水保压

3）蜗壳仿真材料结构模型试验。该水电站蜗壳采用充水保压埋设方式，充水保压值为 1.8MPa。为验证充水保压值的合理性，考察各工况水压力作用下钢蜗壳与外围混凝土的贴合情况，掌握钢蜗壳和钢筋应力并分析其分布规律、外围混凝土的开裂和裂缝扩展以及结构的位移情况，开展了蜗壳仿真材料结构模型试验工作，并进行超载试验以了解蜗壳结构的破坏形态、分析其超载能力。在此基础上，对蜗壳结构进行三维非线性有限元分析，将试验结果与有限元计算结果进行对比分析，复核蜗壳结构设计方案。9 号机组蜗壳及外围混凝土布置示意图见图 7.2－2。

4）三维非线性有限元计算及对比分析。为确保仿真材料结构模型试验成果的准确性，开展了三维非线性有限元计算，将其成果与模型试验成果进行对比分析，以有效指导后续设计工作。

采用的有限元计算模型从 7～9 号机组中选择一个标准机组段为研究对象，由外围混凝土、钢蜗壳、固定导叶和座环组成。有限元模型共划分单元 62482 个，节点 45376 个。计算模型的各个组成见图 7.2－3。对于蜗壳钢衬，它先后承受两部分的内水压力作用：首先单独承担保压水头，蜗壳发生径向变形后，钢蜗壳和外包钢筋混凝土接触紧密，变形的钢蜗壳与外包钢筋混凝土再联合承担剩余水头，钢蜗壳最终的变形和应力由这两部分水头单独作用所引起的变形和应力进行叠加得到。蜗壳外围混凝土在剩余水头下的应力和变

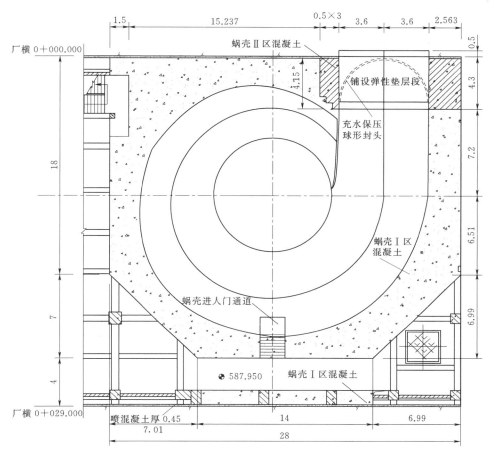

图 7.2-2　9 号机组蜗壳及外围混凝土布置示意图（单位：m）

形即是最终的应力和变形。当混凝土的拉应力达到其抗拉强度时，混凝土出现裂缝，应力由钢筋承担。在混凝土开裂前后，钢筋始终承担轴向拉应力。不考虑钢衬、钢筋与混凝土之间的滑移。

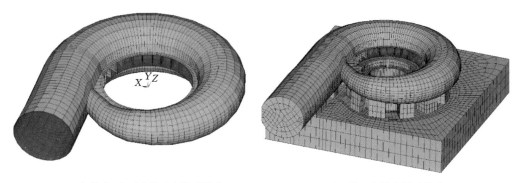

　　（a）钢蜗壳、座环和导叶有限元模型　　　　　（b）保压浇筑有限元模型

图 7.2-3　钢蜗壳、座环和导叶有限元模型以及保压浇筑有限元模型

（2）机墩结构设计和型式选择。机墩结构型式为：上游侧为方形，下游侧为圆形。机墩结构尺寸参考类似工程拟定，机墩内直径为 11m，厚度为 5.3m（靠上游墙侧厚度为 5.85m），机墩混凝土强度等级为 C25。

机墩静力计算分别采用了结构力学方法和三维有限元方法。结构力学方法按《水电站厂房设计规范》（SL 266）附录 C 的方法进行；三维有限元方法计算工况与蜗壳计算部分相同，内容包括整体强度计算、主拉应力计算、孔口应力验算和设备基础局部压应力计算等。

计算结果表明：两种机组机墩混凝土除下机架基础、定子基础部位的局部区域由于体型突变产生的应力突变外（例如筒阀接力器管廊道处、基坑进人廊道处等），其余应力分量均表现为压应力，且应力值均很小，机墩结构是安全的，除局部体型突变部位拉应力超过混凝土承载力需进行局部加强外，其余均为构造配筋。

第8章

导截流建筑物

8.1 概述

糯扎渡水电站坝址处河段两岸地形陡峻，河道较顺直，为不对称的 V 形河谷。坝基为花岗岩，河床覆盖层厚 6～31m，枯水期河面宽 80～100m。根据坝址的地形、地质、水文条件和水工枢纽布置特点，初期导流采用河床一次断流，上、下游土石围堰挡水，隧洞导流，主体工程全年施工的导流方式，中、后期导流均采用坝体临时断面挡水，泄水建筑物为初期所设的五条导流隧洞；导流隧洞下闸封堵后，利用右岸泄洪隧洞和溢洪道临时断面泄流。

（1）布置原则及布置条件。施工导流建筑物应与水工永久建筑物枢纽布置相协调；导流隧洞洞线布置考虑地质条件的影响，尽量避开顺河向与洞线平行的断层，减少导流隧洞长度，兼顾进出口开挖难度，缩短工期，尽早截流，以利于保证发电工期；导流建筑物应尽量考虑与水工永久建筑物结合布置，以减少工程投资。

围堰型式和规模应满足在一个枯水期完建并挡水的要求，根据目前国内已建工程的经验，一个枯水期的填筑高度一般在 60m 左右。水电站大坝工程使用当地材料，施工设备及道路条件相对较好，围堰规模可适当加大，参照国内大型工程如二滩水电站、三峡水电站围堰工程的施工，围堰高度控制在 70～80m。

水电站坝址处澜沧江的流量大，挡水建筑物承受的水头高，要求上游围堰既能适应现有深度覆盖层基础，又可以在一个枯水期完建。水电站枢纽坝轴线上、下游有多条冲沟，尤其是左岸上游的勘界河和右岸下游的火烧寨沟使得枢纽布置的地形条件受到限制，导流隧洞进口距黏土心墙堆石坝坝轴线不到 600m，故考虑上游围堰部分与坝体结合的方案。由于上游围堰与坝体结合部分的基础要求高，需进行部分开挖，为保证围堰填筑的施工工期，围堰宜尽量向上游移，少与坝体结合。上游围堰平面位置的调整考虑上游堰脚距离隧洞进口的位置要求，防止围堰上游坡被淘刷。

下游围堰在考虑距导流隧洞出口位置的同时，尽量避开冲沟布置。下游围堰主要受火烧寨沟及右岸泄洪隧洞及导流隧洞出口的影响，向上、下游移动的余地不大。

（2）导流隧洞布置。为满足工程施工导截流和供水需要，共布置 1～5 号导流隧洞，其中 1 号、2 号、5 号导流隧洞位于左岸，3 号、4 号导流隧洞位于右岸，主要布置如下：

1 号导流隧洞为方圆形，衬砌后断面尺寸为 16m×21m（宽×高），进口底板高程为 600.00m，洞长为 1067.868m，隧洞底坡为 0.578%。其中，0+870.377～0+914.786 为转弯段，平面转弯半径为 100m，转角为 25°26′41″，出口底板高程为 594.00m。进水塔长 21m，宽 30m，高 46m。

2 号导流隧洞为方圆形，衬砌后断面尺寸为 16m×21m（宽×高），进口底板高程为 605.00m，洞长为 1142.045m（含与 1 号尾水隧洞结合段长 304.020m）；结合段前隧洞底坡为 3.81%，结合段后隧洞底坡为 0；其中，0+896.710～0+941.041 为转弯段，平面转弯半径为 100m，转角为 25°23′59″，出口底板高程为 576.00m。进水塔长 21m，宽

30m，高 41m。

3 号导流隧洞为方圆形，衬砌后断面尺寸为 16m×21m（宽×高），进口底板高程为 600.00m，洞长为 1529.765m，隧洞底坡为 0.5%。其中，0+104.987～0+328.800 和 1+053.988～1+210.890 为转弯段，平面转弯半径分别为 200m 和 150m，转角分别为 64°7′4″和 59°55′58″，出口底板高程为 592.35m。进水塔长 21m，宽 30m，高 46m。

4 号导流隧洞为方圆形，衬砌后断面尺寸为 7m×8m（宽×高），进口底板高程为 630.00m，洞长为 1925.000m，隧洞底坡为 1.34%。其中，0+201.769～0+425.583 和 1+320.280～1+477.184 为转弯段，平面转弯半径分别为 200m 和 150m，转角分别为 64°7′4″和 59°55′58″，出口底板高程为 604.20m。进水塔设在 0+037.000 处，长 9m，宽 12m。出口段设弧形闸门，闸门室段位于 1+925.000～1+957.000，长 32m，宽 14m，孔口尺寸为 6m×7m（宽×高）。

5 号导流隧洞为城门洞形，进口底板高程为 660.00m。前部有压段断面尺寸为 7m×9m（宽×高），洞长为 158.100m，底坡为平坡。在 0+167.426～0+191.643 桩号处设置弧形工作闸门室，承担 1 号、2 号、3 号、4 号导流隧洞封堵施工期向下游控制供水。闸后为无压洞段，断面尺寸为 10m×12m（宽×高），洞长 686.748m。5 号导流隧洞后段与左岸泄洪隧洞结合，结合点桩号为 0+669.507，结合段长 212.241m，结合段以前底坡为 1.0498%，结合段底坡为 6.0%，与左岸泄洪隧洞底坡一致。

（3）围堰布置。上游围堰为与坝体结合的土工膜斜墙土石围堰，堰顶高程为 656.00m，最大堰高 82m。高程 624.00m 以上采用土工膜斜墙防渗，下部及堰基防渗采用混凝土防渗墙。下游围堰为与坝体结合的土工膜心墙土石围堰，堰顶高程为 625.00m，最大堰高 42m。围堰上部采用土工膜心墙防渗，下部及堰基采用混凝土防渗墙防渗，为便于后期改造为量水堰，混凝土防渗墙顶高程为 614.00m。上游围堰示意图见图 8.1－1，下游围堰示意图见图 8.1－2，导截流平面布置图见图 8.1－3。

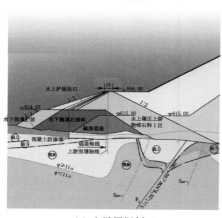

（a）上游围堰剖面

（b）上游围堰现场鸟瞰图

图 8.1－1　上游围堰示意图

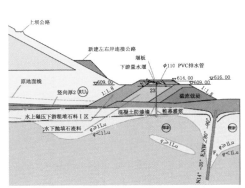

图 8.1-2 下游围堰示意图

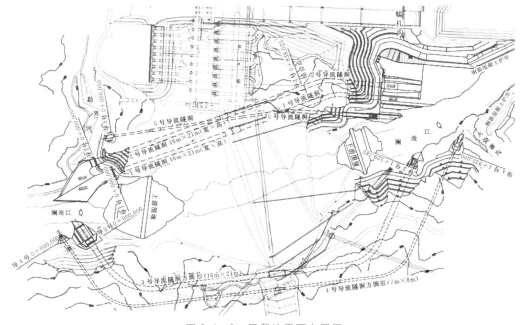

图 8.1-3 导截流平面布置图

8.2 主要创新技术

8.2.1 大断面导流隧洞不良地质洞段施工技术

针对不良地质条件下大型水工隧洞的开挖、支护和衬砌设计，开展了大断面导流隧洞通过不良地质洞段施工技术研究，通过利用监测实际资料，采用反演分析法进行支护调整，使巨型隧洞成功穿过 40 余米特殊地质段，是隧洞支护设计的创新，也是施工技术的成功实践。创新性研究成果如下：

（1）基于有限元的导流隧洞开挖程序及支护措施设计。针对 F_3 断层的地质情况，首先类比类似工程经验进行开挖分层、分块程序初步设计，建立导流隧洞工程区渗流场后对隧洞分层、分块开挖程序和支护措施采用 ANSYS 有限元法进行模拟，模拟开挖过程围岩的塑性区发展情况及应力、变形情况。经有限元法分析可知，导流隧洞围岩抗力较差，开挖后洞壁变形量较大，塑性区发展范围大。在此基础上广泛收集类似工程的设计经验，糯扎渡 1 号、2 号导流隧洞过 F_3 断层洞段设计最终采用以下支护方式：①钢支撑间距为 50cm。②系统锚杆 $\Phi128@1.5m \times 0.5m$，$L=9m$ 普通砂浆锚杆。③超前管棚支护。④喷混凝土厚度为 30cm。

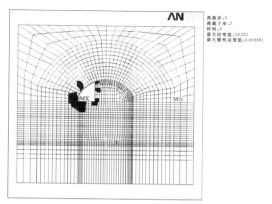

图 8.2-1　顶层左边开挖、支护完毕塑性区发展示意图

图 8.2-1～图 8.2-5 分别为导流隧洞不同区域的开挖支护完毕塑性区发展示意图。

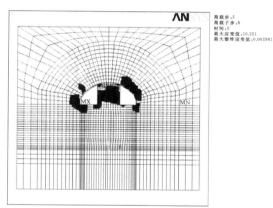

图 8.2-2　顶层右边开挖、支护完毕塑性区发展示意图

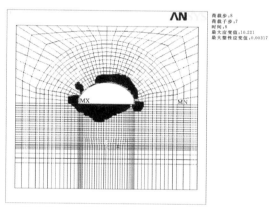

图 8.2-3　顶层中导洞下层开挖、支护完毕塑性区发展示意图

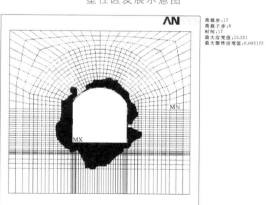

图 8.2-4　中层开挖、支护完毕塑性区发展示意图

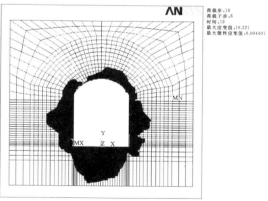

图 8.2-5　底层开挖、支护完毕塑性区发展示意图

（2）"反演"分析调整开挖程序及支护措施。针对开挖通过不良地质洞段 F_3 断层（充填物为糜棱岩、断层泥带，中间以碎裂岩、碎块岩等为主，断层带潮湿，多有滴水、渗水，局部有集中渗水）的导流隧洞的问题，利用 F_3 断层埋设收敛观测仪收集到的上层开挖后实测的变形成果，采用"反演"分析法得到"岩体"参数，重新复核调整中、下层开挖分层、分块和一次支护设计方案，成功保证了导流隧洞开挖顺利通过 F_3 断层。

开挖、一次支护完成后再利用"反演"分析法分析的围岩力学参数进行混凝土衬砌设计。"反演"分析模型见图 8.2－6 和图 8.2－7。

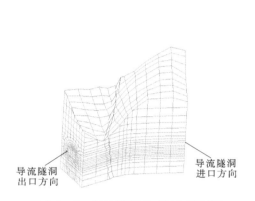

图 8.2－6　导流隧洞 F_3 断层"反演"
分析网格模型

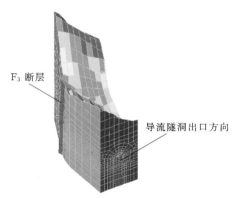

图 8.2－7　导流隧洞 F_3 断层"反演"
分析实体模型

以现场实际监测成果为依据进行"反演"分析，调整开挖程序、一次支护措施和衬砌设计。计算结果表明，由于考虑了围岩一次支护"加固"后的作用，隧洞一次支护、衬砌结构得到优化，节约工程投资。此种动态的充分考虑"一次支护加固后围岩作用"的隧洞一次支护及混凝土衬砌设计方法为不良地质条件下大型水工隧洞的开挖、支护和衬砌设计提供了新的设计理念和实践验证成果。

8.2.2　大断面浅埋渐变段开挖、支护设计

针对开挖围岩难以自稳和拱顶拉应力影响的问题，开展了大断面浅埋渐变段开挖、支护设计研究。采用先悬吊锚筋桩、后预应力锚索及超前锚杆锚固、再进行隧洞进口开挖支护的设计方案，成功运用于 2 号导流隧洞进口渐变段，上覆岩体厚仅 27.2m，开挖跨度为27.6m，平顶一次开挖、支护成型施工，其技术达国际先进水平，具有工期短、经济效益明显的优势，在国内、外均属首次。

（1）利用上层开挖后收敛观测得到的实测成果，采用"反演"分析法对进口渐变段重新复核、调整开挖分层、分块程序和一次支护措施，有效保证了各进口渐变段的顺利施工。尤其 2 号导流隧洞大跨度进口渐变段（宽 27.6m，高 26.3m）上覆岩体厚仅 27.2m，进口为矩形断面，平顶一次开挖支护成型，国内、外均属首次，节约工期 4 个月。大跨度开挖成型技术的推广应用价值较大，其技术达国际先进水平，具有工期短、经济效益明显的优势。

（2）根据 1 号、2 号导流隧洞通过不良地质洞段开挖、支护设计研究，并结合右岸下游 645.00m 公路对 3 号导流隧洞出口通过 F_3 断层洞段进行地表预固结灌浆加固处理，固结灌浆间排距均为 2m，中间部位孔底深入洞身开挖面以内到高程 611.50m，两侧各 12m 宽度到高程 590.50m，并利用固结灌浆安装 $\phi32$mm 悬吊锚杆，长度为 33～54m。确保隧洞施工顺利通过了 F_3 断层。

8.2.3　80m 级土工膜防渗体围堰技术

针对围堰必须在一个枯水期建成运行的问题，开展了 80m 级土工膜防渗体围堰技术研究。通过多种围堰结构型式的技术和经济的对比分析，并先后进行过多次咨询，得到了上游围堰由可行性研究阶段的黏土斜墙围堰调整为土工膜斜墙围堰，下游围堰由可行性研究阶段的黏土心墙围堰调整为土工膜心墙围堰，堰基防渗采用混凝土防渗墙的方案。经实践证明：优化后的围堰结构体型具有结构简单、施工速度快、造价低等特点。

（1）堰体型式。上游围堰在可行性研究阶段为黏土心墙土石围堰。招标设计阶段，通过对上游围堰结构型式的深入研究和技术经济比较，借鉴国内已建围堰工程的成功经验，考虑到土工膜斜墙具有施工速度快、受气候影响小且造价相对低的显著特点，为确保 74m 高的围堰在一个枯水期能顺利填筑到顶，经分析研究，确定上游围堰为土工膜斜墙土石围堰。下游围堰在可行性研究阶段为黏土心墙土石围堰。招标设计阶段，确定下游围堰为土工膜心墙土石围堰。

（2）围堰断面。上游围堰与坝体结合，堰顶高程为 656.00m，最大堰高约 74m，顶宽 15m，上游面坡度为 1∶3，下游面综合坡度为 1∶2。下游围堰也与坝体结合，后期改造为量水堰，堰顶高程为 625.00m，围堰顶宽 12m，坡比均为 1∶1.8，最大堰高 42m。上、下游围堰最大横剖面分别见图 8.2-8 和图 8.2-9。

上游围堰土工膜斜墙坡度为 1∶2，沿高程方向每 8m 设置一伸缩节；下游围堰土工膜心墙采用"之"字形布置型式，"之"字形褶皱高度为 75cm，褶皱角度为 320°，相应边坡为 1∶1.6。土工膜与基础防渗结构及岸坡的连接采用预留 50cm×40cm 的槽，土工膜固

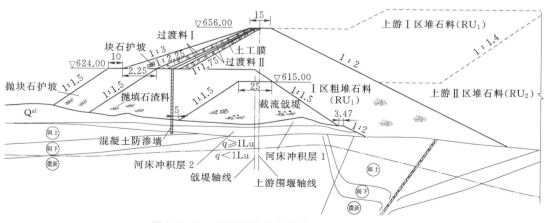

图 8.2-8　上游围堰最大横剖面图（单位：m）

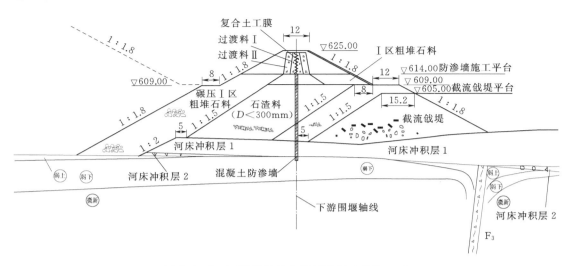

图 8.2-9　下游围堰最大横剖面图（单位：m）

定在槽内后回填二期混凝土。复合土工膜材料规格为 350g/0.8mm PE/350g（两布一膜复合结构，单位面积质量大于等于 1400g/m²）。

第 9 章

机电工程

9.1 概述

糯扎渡水电站机电工程主要由水力机械、电气设备、水电站控制保护系统、水电站通信系统、水电站通风消防系统、金属结构工程等构成。本章总结糯扎渡机电工程中的主要设计成果，以及主要关键技术、创新技术、先进设计手段和实用新型专利的成功应用，对巨型、大型水电工程机电及金属结构设计具有参考借鉴作用。

水电站装设 9 台 650MW 巨型混流式水轮发电机组，总装机容量为 5850MW，保证出力为 2406MW，最大运行水头为 215m，水轮机采用立轴混流式水轮机，转轮直径为 7.2m（1～6 号机）/7.408m（7～9 号机），采用散件运输、现场组焊的整体转轮方案。水轮机层每台机组＋X 侧布置了筒形阀操作油压装置及控制柜，－X 侧布置有调速器机械液压系统及油压装置，下游靠墙侧每个机组段布置有控制柜和动力柜、水轮机仪表盘Ⅰ段。在水轮机层 1 号、6 号、9 号机母线廊道下层布置有 10kV 厂用盘室。

水电站电气系统按照 500kV 一级电压接入，主要电气设备包括变压器、500kV 高压 SF_6 气体绝缘母线（GIL）、500kV SF_6 全封闭组合电器（GIS）与发电机电压设备。变压器的结构采用芯式，绕组的材料为高导电率的半硬铜导体，额定容量为 241000kVA，GIL 为纯 SF_6 气体绝缘金属封闭管道线路，GIS 为单相式，额定电压均为 550kV，发电机至变压器间的连接采用全连式离相封闭母线。地下 GIS 与地面 500kV 出线场之间通过 2 条母线出线竖井相连。地面 500kV 出线场布置在主变及 GIS 室顶部高程 821.50m 处。地面副厂房高 6.8m，布置有备用电源系统 10kV 开关柜、坝区供电系统 10kV 开关柜、0.4kV 低压配电盘、柴油发电机及排风机等。500kV 出线设备见图 9.1－1。GIL 安装现场见图 9.1－2。

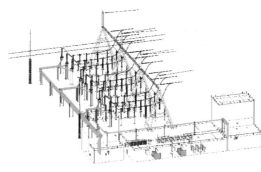 

（a）500kV 设备三维模型　　　　　　　　　　（b）500kV 设备现场实景

图 9.1－1　500kV 出线设备

水电站控制保护系统主要由水电站监控系统、励磁系统、辅机及公用控制系统、继电保护系统、直流系统组成。监控系统采用开放分布式体系双星型以太网结构，在地下控制室和地面值守楼值守室（中控室）分别设置 2 套工业以太网交换机。励磁系统布置在每台机组段的中间层机旁，可以实现水电站机组电制动过程。水电站辅机及公用设备控制系统由各设备现地控制柜（盘）组成，分别布置在被控设备附近。继电保护系统选用微机型继电保护装置。直流系统采用 220V 电压，共设置 11 套 220V 直流电源系统，按区域及功能分散式布置。

图 9.1-2　GIL 安装现场

水电站通信系统主要包括接入系统通信、水电站与集控中心通信、厂内通信、应急通信等。接入系统通信采用双光缆通信通道，所有接入系统通信业务均通过普洱换流站转发至系统。水电站与集控中心通信通过租用电力专网通信通道作为主用通道，租用电信公网通信通道作为备用通信通道。厂内通信主要由生产调度通信和生产管理通信组成。应急通信通过配置卫星电话和无线对讲机等设备完成。

水电站金属结构设备主要有引水发电系统、泄洪系统和导流系统 3 部分，根据建筑物布置进行相应闸门、启闭机等设备的设计和选型配置。水电站共设有拦污栅和闸门共计 138 孔 127 扇（其中：拦污栅 72 孔 40 扇，平面闸门 52 孔 73 扇，弧形闸门 14 孔 14 扇），各种启闭设备共计 43 台（套）。金属结构设备工程量约为 30609.925t，永久拦污漂为 327.7t。利用拦污栅设置取水叠梁门见图 9.1-3。

（a）近景细部

（b）远景整体

图 9.1-3　利用拦污栅设置取水叠梁门

9.1.1　水力机械及辅助设备

1. 水轮机

水电站总装机容量为 5850MW，单机容量为 650MW、装机 9 台。

水轮机采用混流式，主要参数如下：最大水头为 215m、额定水头为 187m、加权平均水头为 198.95m、最小水头为 152m、额定出力为 663.3MW、转轮直径为 7.2m、额定转速为 125r/min、导叶中心线高程为 587.90m、吸出高度为 -11m、比转速为 147.2m·kW。由于运输条件的限制，水轮机转轮采用散件运输、现场组装方式。水轮机装设筒形阀。

2．起重机

主厂房起重设备采用 2 台 800t/160t 单小车桥式吊车和 1 台 100t/32t 小桥机，跨度均为 27m。

3．调速器

调速器采用并联 PID 微机电液调速器，主配压阀直径为 150mm，压力等级为 6.3MPa。调速器用油压装置型号为 YZ-16-6.3（1～6 号机）/YZ-10-6.3（7～9 号机）。

4．圆筒阀

水轮机设有圆筒阀，外径约 9800mm，筒体高度约 1360mm，圆筒阀油压装置型号为 YZ-6/6.3，压力等级选用 6.3MPa，压力油罐总容积为 6m³。

9.1.2 电力接入系统及主接线

糯扎渡水电站按 500kV 一级电压接入系统，出线 3 回接入思茅换流站。

发电机与变压器组合方式采用单独单元接线，并装设发电机断路器；500kV 侧采用 4 串 4/3 接线，其中 3 串分别接两变一线，另一串接 3 个发变组。

9.1.3 电气设备参数及布置

1．发电机

发电机为半伞式结构，推力轴承布置在发电机下机架上，冷却方式采用全空冷。

发电机主要参数为：型号 SF650-48/14500，额定容量 722.22MVA，额定功率 650MW，额定电压 18kV，额定功率因数 0.9，额定转速 125r/min，绝缘等级 F 级，纵轴暂态电抗 0.32～0.34，纵轴次暂态电抗 0.2，短路比 1.1，转动惯量 142500t·m²。

2．500kV 主变压器

主变压器采用单相式强迫油循环水冷铜线圈双绕组无励磁调压升压变压器，额定容量为 723MVA，额定电压为 550-2×2.5%/18kV，连接组别为 YNd11。

3．500kV 配电装置

500kV 配电装置选用 SF_6 全封闭组合式电器，额定电压为 550kV，额定电流为 4000A，额定短时耐受电流为 63kA。

4．机电设备布置

9 台发电机组布置在地下主厂房内，主厂房分为发电机层、中间层、水轮机层、蜗壳层、供水设备层、尾水管层共 6 层，副厂房分 7 层。主厂房总长 396m，其中主安装场长 70m，副安装场长 20m，机组段长 34m，主厂房净宽 26.6m，其中中心线至上游边墙 10.3m，中心线至下游边墙 16.3m。厂房各层高程如下：发电机层高程为 606.50m；中间层高程为 599.00m；水轮机层高程为 593.00m；水轮机安装高程为 588.50m；蜗壳层高程为 588.00m；供水设备层高程为 583.00m；尾水管层高程为 579.50m；尾水管底板高程为 563.50m；桥机轨顶高程为 621.00m；吊顶高程为 629.50m。

主变洞位于主厂房下游侧，共分为 3 层。从上到下依次为 GIS 层、SF_6 气体绝缘母线 GIL 层和主变层。

主变层底板高程为 606.50m，净尺寸为长 348m、宽 17m。主变室沿上游侧和机组段对应布置 27 台 241MVA 的单相变压器，在每台变压器之间设有防火隔墙，底部设有事故储油池，备用变压器布置在 9 号主变室右侧。下游侧为主变室搬运道（设有轨道）。

主变层上部为 SF_6 气体绝缘母线层，底板高程为 618.00m，长度和宽度与主变室相同。

SF_6 气体绝缘母线层上部为 GIS 层，底板高程为 623.00m，净尺寸为长 215m、宽 17m、高 15m。GIS 布置有 4 串 4/3 断路器接线的 GIS 设备，下游侧留有维护通道，端部为 500kV 继电保护盘室等。

地下 GIS 与地面 500kV 出线场之间通过 2 条母线出线竖井相连。1 号母线出线竖井由 GIS 室至 500kV 地面出线场全长约 200m，其内敷设 2 回 500kV SF_6 气体绝缘母线（GIL）共 6 根。2 号母线出线竖井由 GIS 室至 500kV 地面副厂房，与地面副厂房贯通全长约 200m，其内敷设 1 回 500kV SF_6 气体绝缘母线（GIL）共 3 根。母线出线竖井断面净尺寸为 7m，兼作电梯井及上下联络的通道。

500kV 出线场布置在主变室及 GIS 室顶部高程 821.50m 处。出线场内布置有地面副厂房和 500kV 出线设备。尺寸为长 159m、宽 111.8m。其中地面副厂房为单层建筑，布置有备用电源系统 10kV 开关柜室，坝区供电系统 10kV 开关柜室，二次盘室及柴油发电机房等。

发电机与主变压器的连接采用发-变组单元接线，每组 550/18kV 主变压器由 $3\times$ 241MVA 单相变组成。每台发电机出口装设 SF_6 断路器，发电机中性点采用经接地变压器接地的方式，发电机与变压器之间采用全连式离相封闭母线进行连接。发电机电压接线示意图见图 9.1-4。

水电站出线采用 500kV 一级电压，9 回变压器进线，3 回出线。出线均接入思茅换流站，线路长度约 30km。

500kV 侧采用 4 串 4/3 接线，其中 3 串分别接两变一线，另一串接 3 个发变组。配电装置采用 SF_6 全封闭组合电器（GIS），共 4 串，16 组断路器，GIS 布置在地下主变洞室上部，采用 SF_6 管道母线（GIL）通过竖井引出至地面，与 500kV 架空线路连接。500kV 侧 4/3 接线示意图见图 9.1-5。

9.1.4 金属结构设备

1. 引水发电系统金属结构设备

引水发电系统每条引水管道金属结构设备由进水口前沿的 4 孔 4 扇连通式工作拦污栅、检修拦污栅和分层取水叠梁门、检修闸门、快速事故闸门及相应的双向门机、液压启闭机等设备构成。机组尾水管末端设置机组尾水检修闸门室和调压室，每 3 台机组的尾水管汇于一个调压室，按 3 个相对独立单元考虑布置闸门，共设 9 孔 6 扇机组尾水检修闸门和相应的台车启闭设备。每个调压室之后接一条尾水隧洞，3 条尾水隧洞出口各设置 2 孔 2 扇尾水隧洞出口检修闸门及相应的卷扬启闭设备。

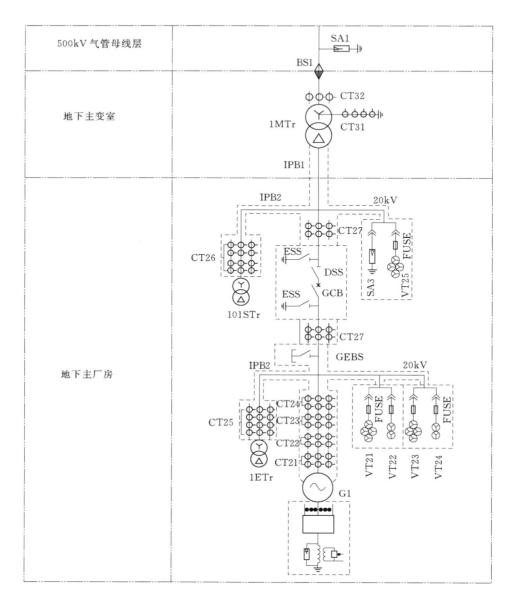

图 9.1-4 发电机电压接线示意图

水电站引水发电系统金属结构设备工程量约为 17077.942t。

2. 左、右岸泄洪隧洞金属结构设备

右岸泄洪隧洞洞身入口段的进水塔内设置事故检修闸门 2 孔 2 扇及相应的固定卷扬启闭设备,在泄洪隧洞中段设置 2 孔 2 扇工作闸门及相应的液压启闭设备。左岸泄洪隧洞中段设置 2 孔 2 扇事故检修闸门和工作闸门及相应的固定卷扬启闭和液压启闭设备,左、右岸金属结构设备工程量约为 4297.546t。

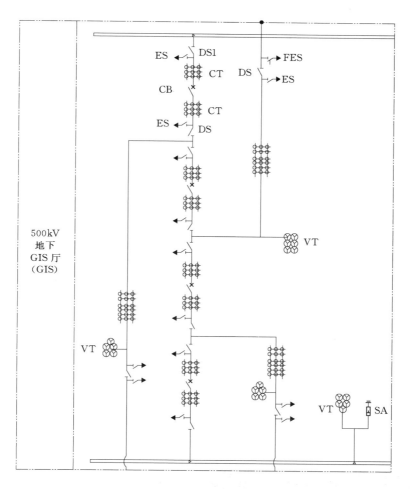

图 9.1-5　500kV 侧 4/3 接线示意图

3. 溢洪道金属结构设备

溢洪道共设置 8 孔 2 扇表孔检修闸门、8 孔 8 扇弧形工作闸门及相应的单向门机、液压启闭设备。溢洪道金属结构设备工程量约为 4631.6t。

4. 导流系统金属结构设备

导流系统建筑物按导流和供水要求布置，1 号、2 号、3 号导流隧洞作为施工期导流用，4 号、5 号导流隧洞作为水库蓄水初期向下游供水及调节蓄水高度用，1 号、2 号、5 号 3 条导流隧洞布置在左岸，3 号、4 号 2 条导流隧洞布置在右岸。在 1 号、2 号、3 号导流隧洞进水塔各设置 2 孔 2 扇平面封堵闸门及其相应的固定卷扬启闭设备，4 号导流隧洞进水塔设置平面封堵闸门及其相应的固定卷扬启闭设备，出口设置弧形工作闸门及其相应的液压启闭设备，5 号导流隧洞中段设置弧形工作闸门及相应的液压启闭设备。

导流系统金属结构设备工程量约为 4740t。

9.2 巨型水轮发电机组创新技术

糯扎渡水电站具有机组台数多、单机容量大、运行水头高、水头变幅大等特点。充分考虑机组运行稳定性要求，在对机组运行特点和稳定性分析的基础上，对水轮发电机组技术参数、性能指标、结构进行了合理选择和优化设计。为验证水轮机的水力性能，开展了水轮机转轮模型试验。为保护水轮机导水机构，减轻导水机构的空蚀和泥沙磨损，进行了巨型水轮机筒形阀应用研究。创新性研究成果如下：

（1）为验证水轮机的水力性能，根据水轮机合同文件及 IEC 60193—1999《Hydraulic turbines，storage pumps and pump-turbines – Model acceptance tests》等规程规定，进行了水轮机转轮模型试验，在完成全部满足合同要求的模型初步试验后进行了模型验收试验，并将水轮机模型的稳定性试验列为验收试验的重要项目之一。模型试验结果表明，两个制造厂用于该水电站的水轮机转轮模型均具有良好的效率指标、空化性能和水力稳定性，各水力性能指标满足合同文件和规范要求。水轮机转轮模型试验为原型水轮机的设计、制造提供了依据，也为机组的安全稳定运行创造了有利条件。

（2）在对巨型筒形阀对水轮机结构的影响、制造可行性、运行可靠性、经济性、机组防飞逸措施等研究的基础上，该水电站水轮机设置了筒形阀（见图 9.2-1），大大提高了水轮机过流部件（包括导叶、上下抗磨板、转轮）的抗磨损、抗空蚀性能，延长了机组的大修周期，减少了检修费用，减少了导叶漏水量，可以多发电，增加收入。经实际运行证明满足工程需要，符合国家对水电站安全稳定运行和节能要求的政策，经济效益和社会效益显著，达到了国内领先技术水平，具有推广应用价值。

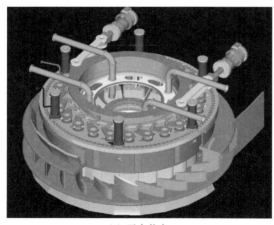 

（a）开启状态　　　　　　　　　　　　　　（b）关闭状态

图 9.2-1　筒形阀开启/关闭状态效果图

依托漫湾、糯扎渡等水电站筒形阀开展的"巨型水轮机筒形阀在大型水电工程中的研究应用"项目荣获 2015 年度中国电建科学技术奖二等奖、2015 年度电力工程科学技术进步奖三等奖、2015 年度云南省科学技术进步奖三等奖。

9.3 水电站进水口分层取水创新技术

高坝大库的建设，将流速较快和水深较浅的天然河流改变成流速减慢和水深较深的水库，在一定条件下，水库会形成上层水温度高、下层水温度低的稳定分层结构。水电站发电取水口一般位于水深较深的位置，因而发电取水为下层的低温水，从而导致下泄水温较天然河流水温降低。水温的变化又将影响下游鱼类及其他水生生物的生存和繁衍。

针对水电站水库水温分层、发电进水口高程较低、下泄低温水对下游河段水生生态系统影响比较明显的问题，昆明院与多家大学和科研机构合作开展了分层取水进水口结构布置、水温预测和水工模型试验等设计研究工作，设计了糯扎渡水电站叠梁门分层取水进水口型式，是新技术、新工艺、新材料、新设备集成应用的成功案例。创新性研究成果如下：

（1）叠梁门在高水头、长时间内淹没进水，为避免闸门长时间挡水状态出现缝隙射水引起的振动，设计采取了有针对性的技术措施，闸门上游设置带橡胶的平垫作为弹性的钢滑块，下游采用低摩擦系数的自润滑材料支承，底部设平板橡胶止水、弹性支承和止水，同时有增加抗振阻尼的作用，使闸门整体处于柔性的双向支承状态。

（2）根据水文专业研究的水温分层特点及分层水温差异成果确定闸门分节高度，在不同的水位的状态使用不同层闸门挡水，形成了稳定的发电下泄水温，叠梁门多层取水水温保证率高。

（3）叠梁门由等高的 3 节叠梁组成，各节闸门具有互换性，方便闸门的运行操作，运行灵活性高。

（4）采用三维数值分析、模型试验、流激振动模型试验，分析了叠梁门的过流特点及安全性，确定叠梁门设计水头为 10m，研究成果直接应用于工程。进水口三维设计以叠梁门取水口为研究对象，实现了三维 CAD/CAE（包括水力、结构）集成设计。

大型水电站进水口分层取水研究形成了安全、经济、合理并满足下游生态环境要求的叠梁门分层取水型式和成套技术方案，并将其应用于糯扎渡水电站工程，最大限度地减免了下泄低温水对下游水生生物的影响，对于未来大型水电站的建设具有重要的环境意义，推广应用前景十分广阔，节约工程总投资 1.4 亿元，成果总体达到国际先进水平。

"大型水电站进水口分层取水研究"获 2011 年度云南省科学技术进步奖一等奖，"糯扎渡进水口金属结构系统布置设计"获 2014 年度昆明院优秀工程设计一等奖，获 2014 年度云南省优秀工程设计一等奖。

叠梁门多层取水进水口设备布置纵剖面图见图 9.3-1。

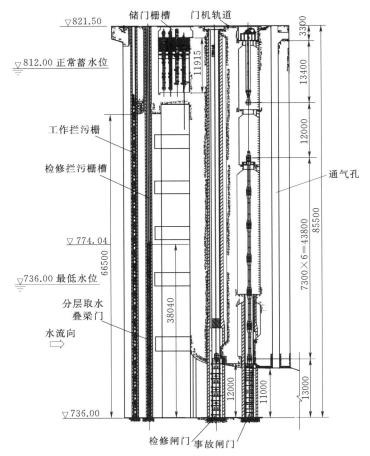

图 9.3-1 叠梁门多层取水进水口设备布置纵剖面图

(单位：高程、水位为 m；其余为 mm)

9.4 电气设计创新技术

电气设计需要进行多方案比选，在方案比选中采用可靠性定量计算的方法，从全生命周期分析各备选方案的可靠性和经济性，从而确定了高压设备的选型、布置及送出方案；通过计算机仿真计算，确定了过电压保护方案，保证了设备运行和人员的安全。方案确定的过程及方法可推广至类似工程。创新性研究成果如下：

（1）该水电站电气主接线方案比选中采用可靠性计算方法定量分析了备选方案的优劣。采用表格法进行可靠性的计算，有利于设计人员直观地检查，便于推广。

（2）该工程在绝缘配合和过电压保护方案设计时，进行了仿真计算和研究，研究成果显示：雷过电压峰值最高点在户外恒压变压器（Constant - Voltage Transformer，CVT）上，应提高其绝缘水平；GIL 和 GIS 的连接部位不需设置避雷器，其余参数和配置满足要求。

（3）该电站 500kV 系统规模大，结构及布置复杂，通过计算机仿真计算，全面详细地了解在各种工况下不同的保护配置方案对系统过电压水平的影响，进而选出经济合理的最优过电压保护配置方案。有/无避雷器时合闸操作过电压沿线分布见图 9.4-1 和图 9.4-2。

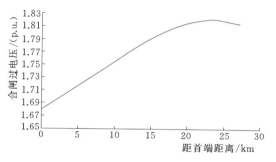

图 9.4-1　有避雷器时合闸操作过电压沿线分布

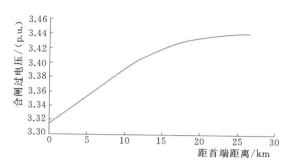

图 9.4-2　无避雷器时合闸操作过电压沿线分布

9.5　控制系统创新技术

2009 年 8 月俄罗斯-萨扬舒申斯克水电站事故后，对引发水淹厂房事故各类原因的分析、控制已经引起了行业主管部门及业内专家的高度重视。水淹厂房事故的特点是突发性、发展快、危害大，后果极其严重，并会带来较大的设备损失及人员伤亡。因此，安全可靠地控制进水口闸门落门，及时切断水源对厂房安全尤为重要。

该工程通过分析工程设计难度及背景技术，选择先进的传输设备，实现远距离"一键落门"硬接线控制功能的各种逻辑组合，提供了可靠的中控室远距离"一键落门"硬接线控制系统；在分析该水电站的厂房布置、设备特点、事故水源的产生及防范措施等情况的基础上，对各监测点有针对性地设计不同的检测方案及控制策略，应用于该工程防水淹厂房的控制系统；在对水电站厂房结构和主设备布置特点分析的基础上，确定了计算机监控系统设计原则、系统整体结构、系统功能、LCU 配置方案；根据水电站厂房结构及电气主设备布置特点，确定五防系统的无线网络结构及构成。创新性研究成果如下：

（1）首创水电站中控室"一键落门"硬接线控制功能。其特点是：通过光电转换，将按钮接点的电信号通过可靠的光电转换装置转换成光信号，采用光纤通道传输至受控端后，在受控端又将光信号通过光电转换装置转换成电信号接点，接入受控端硬接线控制回路实现控制功能，解决了水电站中控室距离进水口快速事故闸门比较远的难题。通过这一独特的设计方法，紧急情况下在中控室可以直接控制进水口闸门落门，并同时关停机组，及时关闭进水门切断水源，防止事态扩大，极大地提高了水电站的安全可靠性。远距离"一键落门"硬接线控制系统在糯扎渡水电站得到首次应用，并于 2016 年 6 月 22 日获批"一种用于大型水电站一键落门的远程控制装置"国家实用新型专利（专利号：ZL 2016 2 0025108.0）。

中控室"一键落门及紧急停机"硬接线的控制逻辑图见图 9.5-1。

（2）首次在国内应用防水淹厂房控制系统。这为地下厂房水电站在运行中出现意外水淹事故提供了可靠的保护措施，是水电站实现"无人值班（少人值守）"的一项重要技术

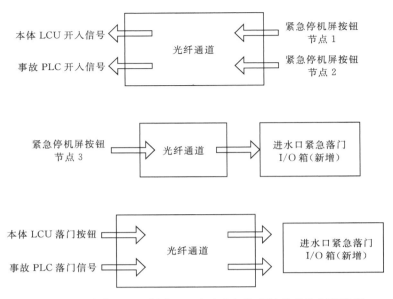

图 9.5－1 中控室"一键落门及紧急停机"硬接线的控制逻辑图

保障。

9.6 保护系统创新技术

对于超大型机组，发电机的造价昂贵，其在系统中的地位非常重要，其故障造成的损失将十分巨大，配置灵敏、可靠的主保护系统是水电站主设备安全运行的保障。该水电站通过发电机内部短路故障分析及各种主保护灵敏度的比较分析，并结合发电机结构的具体情况，最终比选出最优灵敏度配合的发电机主保护配置方案及电流互感器（Current Transformer，CT）配置方案；通过分析厂区 10kV 供电系统接线 3 段式 8 路进线电源的复杂结构、厂区 10kV 供电系统备自投装置动作逻辑的难点及技巧，确定了复杂厂用电系统备用电源自动投入解决方案；通过分析糯扎渡水电站机组在线监测系统中增加设置振摆监测保护系统的必要性、机组振摆监测保护系统的控制实施方案，设计出智能机组振摆监测保护系统。创新性研究成果如下：

（1）针对该水电站发电机具体的电气结构特点，采用先进程序对发电机内部短路故障进行了仿真计算，首次采用"多回路分析法"对发电机可能发生的各种内部短路故障进行了分析。

（2）分析配置各种主保护方案的灵敏度，从而确定了发电机定子分支绕组中性点侧CT 的配置方案及发电机内部短路故障的主保护配置方案，见图 9.6－1。

（3）首次在超大型水电站（复杂厂用电）备用电源自动投入系统中采用 1 套创新型备用电源自动投入装置，完成复杂的备投功能，简化了系统接线，明显减少了对断路器位置接点的需求（约 50％），节省了引接电缆约 30％。

（4）首次在国内水电机组中设置机组振摆监测保护系统，该系统以保护机组在运行过

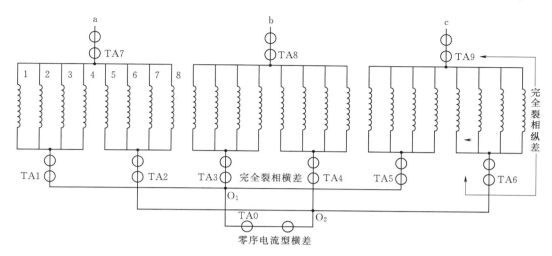

图 9.6-1 DFEM 发电机内部故障主保护配置方案

程中受机械应力作用而不出现损伤或破坏为目的。振摆监测和保护两套系统完全独立运行，通过对测点的仔细分析及装置的冗余配置，确定水轮发电机振摆上限幅值，将监测报警值和振摆保护动作值通过控制逻辑配合完成机组在线监测报警及事故停机功能，及早避免发生严重事故，保证机组的安全、经济运行。

9.7 消防及通风系统创新技术

　　该水电站为地下厂房，水轮发电机组、发电电压设备、主变压器、500kV GIS 设备等均布置在地下厂房内。为确保水电站安全，水电站的消防系统、通风空调系统等的优化设计及安全可靠运行同样重要。保证厂房内的空气环境适应设备的运转要求和运行人员的生活条件，是采暖通风专业需要研究的重要课题。基于此开展了地下厂房岩石热物理性质和热工状态研究以及 IG-541 环保气体灭火系统设计研究工作。创新性研究成果如下：

　　（1）该水电站地下副厂房中央控制室、计算机室和通信设备室消防采用组合分配式 IG-541 混合气体灭火系统，能有效地保护生命安全和财产安全。通过工程实践，IG-541 气体灭火系统将在我国水电工程中得到更广泛的应用。IG-541 组合分配式气体灭火系统结构示意图见图 9.7-1。

　　（2）地下厂房岩石热物理性质和热工状态研究成果表明，由于地质结构和地理位置的不同，地下厂房岩石热物理性质和热工状态也不同，从而引起洞内热工状态的变化，对空气状态产生直接影响。项目研究成果为该水电站通风空调系统设计方案的可靠性提供了完整的实测数据和严谨的数学模型，为通风空调设计温度的取值提供了科学的依据。经对通风空调系统设计方案进行优化，通风空调风量减少了 30 万 m^3/h，通风系统使用面积减少了 $500m^2$，减少制冷量 1253kW，节约设备投资约 500 万元，荣获 2004 年度云南省科学技术进步奖三等奖、2004 年度中国水电顾问集团科学技术进步奖三等奖。

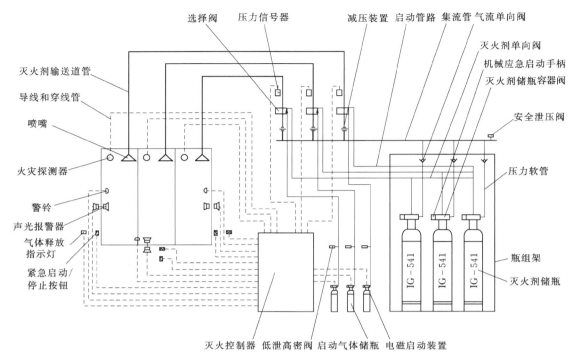

图 9.7-1　IG-541组合分配式气体灭火系统结构示意图

9.8　通信设计创新技术

　　水电站通信系统是电网和水电站运行安全保障的基础。通信系统设计由接入系统通信、水电站接入集控中心通信、厂内生产调度通信、厂内管理通信、应急通信、通信电源、综合配线及接地、工业电视、智能门禁等技术组成。以下介绍该水电站的接入系统通信、厂内程控调度通信、工业电视的设计特点和创新。

　　（1）根据系统设计组织的光纤通道，满足水电站运行的业务要求；业务接入符合《电力系统通信设计技术规定》（DL/T 5391）的规定，同时满足南方电网、云南电网对水电站上传业务的要求。

　　（2）水电站端通信系统的设计首次采用了多业务核心光交叉设备，以10G/s光传输平台接入电力通信网系统，进一步提高了水电行业的通信工程技术设计水平。

　　（3）水电站工业电视系统按照水电站无人值班的要求进行设计，同时采用视频监控的最新技术，通过合理有效的组织达到全数字智能化全天候的监视效果，为水电站的远程控制运行和监视提供了一种有力的手段。

　　（4）整个系统户外前端设备采用IP66防护等级的摄像机和导轨式网络二合一防雷器保护，经过高压环境的传输介质采用无金属光缆传输，保障了系统的安全可靠运行。

　　（5）水电站工业电视系统的设计在业界首次采用存在电磁干扰的水电站内全光缆组网，有效地保障了人员和设备运行的安全。摄像机选用光口数字型，与主控设备实现了数字信号传送图像和控制等信息。结合采用在光线较暗和外部环境夜晚无光条件使用的远红外摄像装置，实现了 24 小时全天候整体的监视条件。通过最新软件技术的处理，实现了全天候数字智能化的监视效果，达到了水电站工业电视系统工程设计的最新水准。

9.9 高水头大泄量泄洪闸门创新技术

水电站泄洪闸门大孔口、高水头、大泄量的特点十分突出，闸门运行工况复杂、设计技术难度大。设计过程中，通过对闸门关键技术开展全面研究，采用了大量的新技术。闸门投运后，通过对闸门开展原型观测试验，试验证明闸门运行安全、平稳，验证了闸门设计的可靠性。创新性研究成果如下：

（1）基于水电站左右泄弧形工作闸门进行了设计研究工作，并结合昆明院历年承担漫湾、天生桥一级、茄子山、小湾等水电站高水头弧形闸门的设计经验，承担并完成了中国水电顾问集团委托的科研项目"高水头链轮闸门、弧形闸门结构设计研究"。该项目获得了云南省科学技术进步奖三等奖、中国水电顾问集团科学技术进步奖一等奖、水力发电科学技术奖二等奖等奖项。

（2）通过分析高水头弧形闸门的受力特点和传力特性，采用有限元等方法进行结构分析比较，创新性地提出了按"井"字形结构布置主横梁和主纵梁的高水头抗震弧形闸门，这种结构既满足

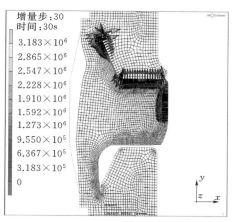

图 9.9-1 Ω形充压水封网格

了弧形闸门的结构强度、刚度、抗震要求，又获得了良好的经济性，并取得了相应的技术专利授权，如"主纵梁高水头抗震弧形闸门"（专利号：ZL 2010 2 0690099.X）、"主横梁高水头抗震弧形闸门"（专利号：ZL 2010 2 0690100.9）。

（3）通过对高水头弧形工作闸门的深入研究，改进了充压伸缩式水封，该水封在200m 水头内可实现闸门的严密封水，取得了相应的技术专利授权，如"高水头弧形闸门止水装置"（专利号：ZL 2007 2 0105124.1）。

建立有限元模型时应考虑 Ω 形充压水封、压板、闸门面板，对于二维问题将 Ω 形充压水封、压板按变形体处理，对其进行有限元网格划分（见图 9.9-1）。对橡胶材料进行单轴拉伸（压缩）试验（见图 9.9-2）。

基于 Ω 形主止水的布置需要，门槽需要做成突扩突跌型，Ω 形充压水封门槽模型见图 9.9-3。

（4）通过分析大孔口表孔弧形闸门的受力特点，在设计中采用了平面体系计算和三维有限元分析同时进行的相互比对和验证的方法。以三维有限元方法为主要分析手段，对钢闸门在各种工况下的受力进行了详细分析，对闸门结构进行了全面的优化，确保了闸门结构安全可靠。

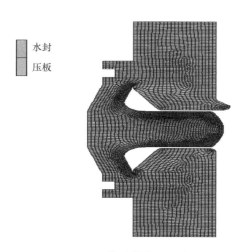

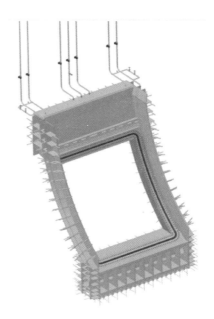

水封

压板

图 9.9-2 橡胶拉伸（压缩）　　　　　图 9.9-3 Ω形充压水封门槽模型

图 9.9-4 工作闸门支铰照片

（5）对闸门和埋件进行了适应性设计，使闸门、门槽埋件和液压启闭机得以快速、顺利安装，具备挡水至正常设计水位的功能。工程蓄水时间缩短了 6 个月以上，极大地提高了水电站的发电效益。闸门原型观测显示，溢洪道表孔弧形工作闸门启闭过程中水流平顺，进口未出现旋涡，闸门无异常振动和响声，闸门止水状况良好。启门时，液压启闭机运行平稳，各项指标正常，验证了表孔工作闸门各项技术指标满足设计及规范要求。

工作闸门支铰照片见图 9.9-4。

（6）首次对百米级大孔口、大泄量弧形工作闸门进行了全面的原型观测，采用的观测方法及设备先进、可靠，填补了国内百米级大孔口、大泄量弧形工作闸门原型观测的空白。在水电站闸门原型观测试验过程中，采用三维摄影测量法对闸门进行位移变形测量，填补了水电站原型观测试验闸门位移和变形测量的技术空白。采用大容量无线数据传输，解决了水电站闸门原型观测试验中的数据传输问题。泄洪闸门原型观测试验全面测定了高水头下高速泄洪闸门的振动及应力变化等技术指标，全面采集原型观测数据，与设计和规范进行比对分析，为水电站在高水位、大泄量下的泄洪闸门设备的安全稳定运行提供了强有力的技术支持，为国内外同行业提供了极大的参考借鉴价值，为金属结构的原型观测技术进步做出了贡献。

9.10　厂房三维系统设计创新技术

糯扎渡水电站厂房采用 REVIT 等软件进行多专业协同三维设计，实现了多角度、多部位实景展示和场景模拟漫游功能。基于三维协同设计碰撞检测，有效地减少了各专业、各系统在设计过程中遇到的 95％以上的相互间错、漏、碰、撞的问题，在实现真实再现工程全貌的同时，通过三维模型剖切可直接生成用于指导施工的二维施工图。糯扎渡水电站的布置、电缆桥架等均采用三维模型剖切出图的方式生成二维施工图，在指导施工应用过程中效果得到验证。创新性研究成果如下：

（1）该工程厂房机电设计工作从一开始就立足于三维，力求通过这一特大型工程的设计来摸索三维设计方法。通过在这一特大型水电站厂房设计中引入三维设计方法，填补了昆明院机电三维设计空白，设计手段得到了很大的改进，生产效率有了很大的提高，三维设计为水电行业的发展奠定了坚实的基础。

（2）三维设计成果可以帮助设计人员和决策人员在工程项目动工之前全面准确地掌握其技术要点，尽早发现设计缺陷，并及时提出可行的修改意见，避免工程建设中出现问题和可能造成的巨大损失，有助于设计方案的优化，缩短设计与施工的周期，加快整个项目设计开发的进程，对工程具有指导性的意义。三维产品的直观性也促进了设计方与业主和施工方的良好沟通。基于 REVIT 等软件的多专业协同三维设计见图 9.10－1。

"糯扎渡水电站机电厂房三维协同设计研究及应用"获 2011 年度云南省科学技术进步奖三等奖。

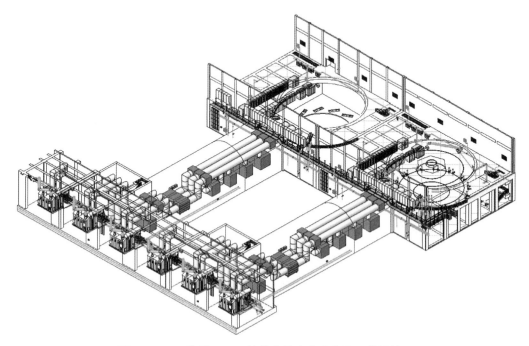

图 9.10－1　基于 REVIT 等软件的多专业协同三维设计图

第 10 章

安全监测与评价工程

10.1　概述

糯扎渡水电站工程巨大，其坝体的稳定性关乎下游人民生命财产的安全，确保糯扎渡大坝施工期、蓄水期乃至运行的全生命周期内的安全至关重要。

但是，高土石坝监测技术发展明显滞后于筑坝技术的发展，不少监测仪器的适应性、耐久性、抗冲击等性能仍停留在100m级坝高的水平，对于300m级的高土石坝传统监测仪器已难以适应。水电站心墙堆石坝最大坝高为261.5m，其安全监测及评价与预警技术已超出国内已有规范和技术水平。针对以上问题，全面系统地开展了对高心墙堆石坝安全监测及评价与预警关键技术的研究，系统性地提出了针对300m级高心墙堆石坝的安全监测关键技术和大坝工程安全评价与预警信息管理系统，在糯扎渡水电站高心墙堆石坝得到了成功应用，满足了工程建设需要并保证了工程大坝施工期和运行期的安全。大坝工程安全评价与预警信息管理系统主要由7个模块构成，系统总体结构见图10.1-1。系统管理模块是该系统的枢纽；监测数据与工程信息模块、数值计算模块和反演分析模块是该系统的核心；安全预警与应急预案模块是该系统的目标；巡视记录与文档管理模块是对该系统基本信息的重要补充；数据库与数据管理模块是该系统的资料基础。

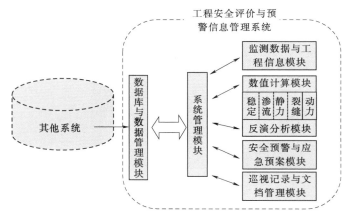

图 10.1-1　系统总体结构图

表10.1-1列出了糯扎渡水电站安全监测与评价取得的主要技术创新成果与当时国内已有成果的综合对比。

表 10.1-1　　　　　　　　　糯扎渡研究成果与国内已有成果综合比较

项目	糯扎渡研究成果	已有的成果
监测自动化系统	集测量机器人、GNSS监测系统、内观自动化系统于一体的300m级高心墙堆石坝大型安全监测自动化系统	国内均为独立系统，无大规模使用和集成
安全监测、安全评价、预警及应急预案系统	安全监测系统与安全预警、应急预案系统的联动与集成	国内基本无

项目	糯扎渡研究成果	已有的成果
安全监控指标	通过采用整体安全指标、分项安全指标相互协调统一的方式作为 300m 级高心墙堆石坝安全监控指标	对于 300m 级高心墙堆石坝，尚属首次
上游堆石体内部沉降监测	（1）施工期：首次采用弦式沉降仪； （2）蓄水后：采用渗压计	国内基本无
心墙沉降监测	（1）人工监测：将磁性沉降环改进为不锈钢环，并改进测斜管埋设方法，提高了测量精度、可靠性和耐久性； （2）电测方法：采用横梁式沉降仪进行分层沉降监测	国内均采用磁性沉降环进行人工监测，测量精度和耐久性不好
下游堆石体内部沉降监测	（1）超过 300m 的超长监测管线； （2）将水管式沉降仪由传统三管式改进为四管式，提高仪器精度和可靠性	监测管线长度低于 300m，一般采用三管式水管式沉降仪
心墙与反滤之间错动变形监测	率先采用剪变形计	国内尚无
心墙与混凝土垫层之间相对变形监测	（1）采用 500mm 超大量程的电位器式位移计； （2）采用分段设置的递增方式，提高了仪器成活率	位移计量程较小，往往失效

10.2　300m 级高心墙堆石坝安全监测关键技术

10.2.1　内部沉降变形监测

（1）心墙沉降监测。土石坝心墙沉降监测通常采用电磁沉降仪进行人工监测，传统的电磁沉降仪主要有两大缺点：①电磁沉降仪对测斜管的埋设精度要求高，受挤压、过度弯曲、卡孔等因素都可能导致测斜管无法正常观测，高心墙堆石坝表现更为明显。②电磁沉降环为磁性体，长时间位于土下可能导致磁性体消磁，不利于永久监测。

针对电磁沉降仪存在的上述问题，糯扎渡工程在电磁沉降监测上进行了相应的改进和创新研究。通过在每两节测斜管设置一个伸缩节以适应坝体变形，每个伸缩节外设置一根等长 PVC 保护管以提高伸缩节的强度，埋设方式采用预留坑和人工回填，埋设过程中严格控制导槽方位角，较好地解决了测斜管的埋设问题；通过将磁性沉降环改进为不锈钢环，测头通过感应不锈钢体后电流信号的改变监测沉降，提升了测量精度和长期可靠性。

同时针对传统的电磁式沉降磁环存在测斜管变形大而沉降测头无法放入观测等问题，开展了电测式横梁式沉降仪的研究。通过将传统人工监测方法改进为电测方法对心墙进行分层沉降监测，满足了高土石坝心墙沉降的监测，该成果已获得国家知识产权局颁发的实用新型专利。仪器示意图见图 10.2-1。

（2）上游堆石体沉降监测。针对传统的水管式沉降监测仪器需要建立观测房，受施工及蓄水的影响，心墙堆石坝上游堆石体内部沉降监测难度较高而运行期水位变化对上游堆石体变形影响较为直接的问题，糯扎渡工程首次采用弦式沉降仪对上游堆石体内部沉降变形进行监测。由于弦式沉降仪最大测量范围有限（小于 70m），蓄水后底部高程观测房将位于水下，为保证监测数据的完整性，通过在沉降测头对应位置布置渗压计，在岸坡稳固岩体相同高程对应布置渗压计，根据岸坡渗压计与堆石体渗压计测值之差得到堆石体沉降值。

（3）下游堆石体沉降监测。糯扎渡大坝下游堆石体内部沉降监测管线超过了 300m（约 320m），针对传统的沉降及水平监测仪器往往由于线路太长出现管路堵塞、线体拉断等原因导致测值异常甚至失效现象发生的问题，糯扎渡工程首次采用四管式水管式沉降仪监测高心墙堆石坝下游堆石体内部沉降，将水管式沉降仪由传统三管式改进为四管式，即两根进水管、一根进气管和一根排水管，以适应下游堆石体超长监测管线（超过 300m）的内部沉降监测，大大提高了整条管线的可靠性，该成果已获得国家知识产权局颁发的实用新型专利。四管式水管式沉降仪及现场安装埋设见图 10.2-2。

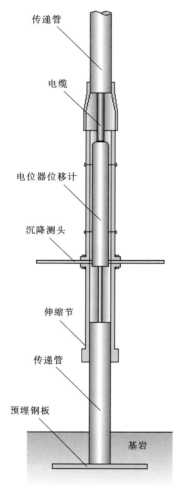

图 10.2-1　四管式水管式
沉降仪示意图

图 10.2-2　现场安装埋设

10.2.2　错动变形监测

（1）心墙与反滤层之间的错动变形监测。对心墙堆石坝来讲，心墙与反滤层之间的错动变形是变形协调分析中的一项重要内容，受监测手段制约，目前国内对心墙与反滤层之间的错动监测尚无先例。针对这一难题，糯扎渡工程率先将剪变形计引入心墙与反滤层之间的错动变形监测。剪变形计采用土体位移计改装，在位移计两端设置上下锚固板，其中上锚固板位于心墙，下锚固板位于反滤层。心墙与反滤层之间产生相对错动变形主要由堆石体与心墙间的变形差异导致，但剪变形计实测错动变形均为受压，即心墙沉降大于反滤层沉降，表明心墙与堆石体之间的差异变形主要被反滤层进行了消解，大坝整体具有变形协调性。

剪变形计及现场安装埋设见图 10.2-3。

（a）剪变形计　　　　　　　　　　　　　　（b）仪器现场安装埋设

图 10.2-3　剪变形计及现场安装埋设

（2）心墙与混凝土垫层之间的相对变形监测。心墙与混凝土垫层之间相对变形监测主要采用土体位移计组，其监测能了解心墙与垫层交界部位的拉伸变形情况和出现拉裂缝的可能性，并以此判断工程安全状况。

针对在心墙与混凝土垫层交界部位变形梯度大，以往工程常常出现因变形梯度过大导致传感器失效的问题，糯扎渡工程通过采用 500mm 超大量程的电位器式位移计，避免仪器量程估计不足带来仪器失效的问题；通过将位移计分段设置采用 3m、8m、18m、30m、45m 的递增方式，使得仪器适应最大拉应变量程为 16%，大大提高了仪器的可靠性。

土体位移计组及现场安装埋设见图 10.2-4。

10.2.3　心墙空间应力监测

针对超高心墙堆石坝因坝高带来的材料、力学等问题，糯扎渡工程开展了心墙应力分布的研究，通过在心墙布置多组六向土压力计组来监测心墙的空间应力分布情况，为反演分析中本构模型优化调整提供了可靠依据。从监测成果与计算结果对比分析可以看出，计算成果与监测结果在量值、变化规律上吻合程度较高，计算反演的参数较好地反映了心墙实际情况，心墙空间应力监测对高坝工作状态分析和反馈设计提供了可靠的基础资料。

（a）土体位移计

（b）现场安装埋设

图 10.2 - 4 土体位移计组及现场安装埋设

六向土压力计组布置及现场安装埋设见图 10.2 - 5。

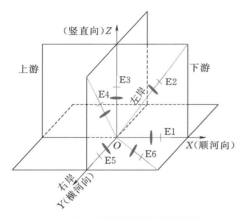

（a）六向土压力计组布置示意图

（b）现场安装埋设

图 10.2 - 5 六向土压力计组布置及现场安装埋设

10.2.4 监测自动化系统

针对复杂条件下的在线监测难题，糯扎渡工程开展了监测自动化系统的研究，首次将测量机器人、GNSS 变形监测系统、内观自动化系统进行整合与集成，实现了复杂条件下高精度与实时在线监测数据补偿，提高了系统的可靠性。其中糯扎渡心墙堆石坝子系统布置 2 套测量机器人，自动监测 70 个表面变形监测点；布置 GNSS 监测系统，自动监测 52 个表面变形监测点；布置 1400 个内观监测点。

（1）心墙堆石坝表面变形监测自动化。GNSS 监测系统主要由现场基准站及测点的户外工作和监测管理站的室内工作两部分组成。现场户外的各个基准站和测点通过卫星信号实时采集数据，通过通信光缆传输至监测管理站工控机，在监测管理站内对数据进行相关的坐标转换、解算和处理等，处理后的数据在安全监测信息管理及综合分析系统层面实现集中统一管理和综合分析。

糯扎渡大坝表面变形监测除了采用 GNSS 监测系统外，还采用了测量机器人进行对比监测，以提高监测精度和监测覆盖面。测量机器人观测站与变形监测网点结合，布置于左右岸坡，基点采用控制网点校核和 GNSS 系统双重校核。观测点为视准线测点，每个测点上布置一个 360°棱镜和一个 GPS 天线，通过自动照准观测测点位移。测量机器人和 GNSS 系统可相互校核。

（2）枢纽工程内观自动化。糯扎渡枢纽工程内观自动化范围主要包括大坝及导流隧洞堵头、溢洪道、泄洪隧洞、引水发电系统及相关边坡等。

水电站内观自动化系统按监测站、监测管理站和监测中心站三级设置，并实现昆明院本部的流域安全监测中心站、糯扎渡水电站数字大坝—工程质量与安全信息管理系统、糯扎渡水电站数字大坝—工程安全评价与预警信息管理系统能对现场监测中心站的相关监测信息进行管理。糯扎渡枢纽工程内观自动化系统主要为 A、B、C 子系统，各子系统的监测管理站计算机连接相关建筑物的数据自动采集设备，数据自动采集设备连接各部位的监测传感器。各监测管理站有各自的监测硬件、软件和通信网络，分区域管理，各自独立，相互之间组成局域网可进行通信，并和上一级监测管理中心站的监控主机之间进行相互通信，并实现系统集成。

内观自动化系统总体结构示意图见图 10.2－6。

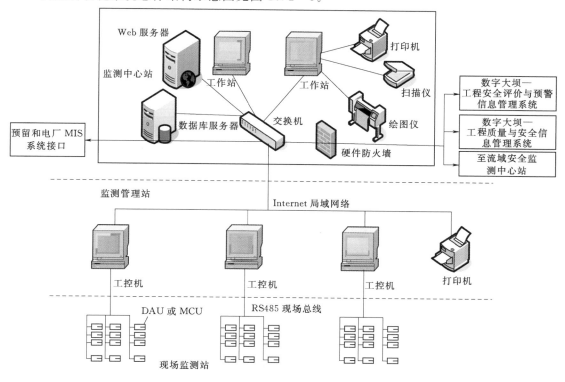

图 10.2－6　内观自动化系统总体结构示意图

（3）子系统及集成。针对糯扎渡工程建筑物范围广、监测项目众多，即使采用分布式监测系统对整个枢纽区接入自动化系统的监测项目全部巡测一次也耗时较多的问题，糯扎渡工程开展了工程安全监测自动化系统的划分和集成研究。将系统划分为心墙堆石坝监测子系统（含右岸坝肩边坡）、引水发电系统监测子系统、边坡及泄水建筑物监测子系统（含左、右岸泄洪隧洞、溢洪道和 1～5 号导流隧洞堵头）、心墙堆石坝强震监测子系统、光纤测渗漏和测裂缝子系统、心墙堆石坝 GNSS 监测子系统、大坝和边坡测量机器人监测子系统等多个子系统，将各子系统的监测管理站计算机连接相关建筑物的数据自动采集设备，同时数据自动采集设备连接各部位的监测传感器，各监测管理站有各自的监测硬件、软件和通信网络，分区域管理，各自独立，相互之间组成局域网可进行通信，并和上一级监测中心站的监控主机之间可进行相互通信，并实现系统集成，大大提高了系统的使用性和可靠性。

10.3　大坝工程安全评价与预警信息管理系统

（1）系统结构设计。针对工程安全评价与预警信息管理开展"糯扎渡水电站数字大坝—工程安全评价与预警信息管理系统"（以下简称"信息管理系统"）的研发，提出了系统的七大构成模块，其具体功能如下：

1）系统管理模块。该模块实现了该系统信息集成以及该系统各模块间的信息交换与共享；提供该系统运行的管理与操作界面；从其他系统获取必要信息；可管理系统的基本设置以及多地多用户远程操作。

2）监测数据与工程信息模块。该模块根据系统数据库信息，实现了对大坝各类动态信息（环境量、效应量及工程信息等）进行查询、统计分析、可视化展示及报表等功能，为用户提供良好的可视化信息查询及分析界面。

3）数值计算模块。该模块可计算大坝在不同条件下的应力、变形、水压、渗流、裂缝、稳定性和动力响应等，可对输入数据、计算条件及计算结果进行查询、浏览二三维可视化展示及报表等。该模块和监测数据与工程信息模块、反演分析模块相结合可对大坝性态进行分析预测，是该系统的关键部分。

4）反演分析模块。该模块根据所要反演参数的类型及数量，确定所需要的信息；通过有限元计算生成训练样本；训练和优化用于替代有限元计算的神经网络，并进行坝料参数的反演计算。将反演参数、误差以及必要的过程信息存入数据库供其他单元调用。

5）安全预警与应急预案模块。该模块提出高心墙堆石坝渗透稳定、沉降、坝坡稳定、应力应变、动力反应等方面的控制标准，建立大坝的综合安全指标体系。根据动态监测信息及计算成果，进行大坝安全分析，建立大坝安全评价模型；结合安全指标体系，针对不同的异常状态及其物理成因，对异常状态进行分级并建立预警机制。该模块可进行分级实时报警，并可给出预警状态信息。根据安全预警与预案判别分析结果，对可能出现的安全问题建立相应的应急预案与措施，确保工程安全、顺利、高质量实施，并可人工修改应急方案。

6）巡视记录与文档管理模块。该模块可对大坝安全巡视过程中产生的视频、图片、文档等资料进行管理，并可进行查询操作。文档管理主要是对大坝建设和运行过程中各环节相关的图片、文档等资料进行管理，并可进行添加和查询操作。

7）数据库与数据管理模块。该模块仅限于系统管理员用户，主要用于数据的录入、修改及查询等操作，包括系统基本数据和多个模块共用的公用数据。数据分为两类：一次数据（原始数据）为研究对象的基本信息；二次数据是经系统分析等对一次数据进行处理得到，以便于各模块的调用。

（2）系统功能。糯扎渡水电站数字大坝—工程安全评价与预警信息管理系统实现了监测数据与成果分析管理、计算成果分析管理、安全指标定义与安全预警管理等，具体功能简述如下：

1）建立糯扎渡工程安全评价与预警信息综合管理平台，支持基于网络的分布式管理与应用。

2）根据导入的实测监测数据，可对大坝各类动态信息（环境量、效应量及工程信息等）进行查询、统计分析、可视化展示及报表编制等。

3）实现安全指标定义，主要包括坝前水位、大坝变形、渗透稳定、裂缝、坝坡稳定等几个方面，为分级安全预警提供依据。

4）对大坝在不同条件下的应力、变形、水压、渗流、裂缝、稳定性和动力响应等计算输入数据及计算结果进行储存、查询、浏览、二三维可视化展示及报表等，并可操作嵌入计算。

5）将反演数值计算模型，反演参数的类型及数量、所需要的信息、有限元计算生成的训练样本、所得到的反演参数、误差以及必要的过程信息存入数据库供其他单元调用，并可进行查询、浏览、二三维可视化展示及报表等，还可操作嵌入计算。

6）通过定义大坝安全指标，并根据动态监测信息以及计算成果，结合安全指标模块，对异常状态进行分级并建立预警机制，系统提供安全评价健康诊断报告的上传和针对可能出现的安全问题在系统工况中进行应急预案与措施的描述。

（3）系统特色。该系统通过充分利用网络与信息化的手段，真正将科研与施工生产（监测数据）紧密结合，是一种应用模式创新，其分析依据来源于一线的生产数据与监测成果，其分析结果直接发布并应用于设计与生产过程。具体特色如下：

1）系统采用分布式的软件架构（SOA）实现，改变了传统仿真软件单机部署模式，支持多用户操作，支持分布式并行仿真计算与集中的数据存储，以及网络化仿真任务管理、成果共享与发布。

2）系统支持渗流、静力、裂缝、稳定、动力等计算与反演分析，实现了功能强大的后处理分析功能。支持云图、等值线（面）、矢量图、动态切片等多种查询模式，支持过程线、包络线的动态提取，提供丰富的成果查询报表与表格，支持多方案对比分析，支持计算与实测结果的对比，可自定义成果输出。

3）系统提供应用多层次分级预报警平台，支持安全指标、计算与反演结果的分级预警功能；支持多级预警信息的管理与查询。

4）系统可以实现与现场其他的生产过程管理系统的紧密集成，支持仿真结果的发布及现场施工进度的动态反馈，实现仿真、计划、执行、反馈与优化过程的闭环管理。

第 11 章

生态环境工程

11.1 概述

糯扎渡水电站工程涉及的 9 县（区）在澜沧江流域内的面积约为 $31665km^2$，平均森林覆盖率为 61%（2000 年现状水平年资料，下同），水土流失面积占总面积的 25.96%；植被类型主要有热带雨林、热带季雨林、常绿阔叶林、落叶林、暖温性针叶林、竹林和稀树灌草丛等，植物区系由 171 科、652 属、1077 种维管束植物组成；记录到野生哺乳类动物 78 种，鸟类 257 种，两栖爬行类 96 种。工程区河段有土著鱼类 3 目 6 科 31 属 48 种。工程区域澜沧江干流水质良好，达到国家地表水Ⅲ类标准，但部分支流受到工农业废污水的污染。9 县（区）总人口约 252 万人，农业人口占 87.5%，有 20 多个民族聚居，受经济、文化水平限制，基础设施薄弱，生产方式落后，生产力水平相对较低，社会经济发展水平相对滞后。

糯扎渡水电站工程规模巨大，影响范围较广。工程建设影响涉及较多的环境敏感目标，其中需要保护的环境敏感区有：枢纽工程区周边的糯扎渡省级自然保护区、水库末端的澜沧江省级自然保护区、威远江支库库尾的威远江省级自然保护区。除此之外，还有水库区域分布的澜沧江防护林带、宽叶苏铁等 11 种国家级重点保护植物、大灵猫等 55 种国家级重点保护陆生野生动物、眼镜蛇等 3 种省级重点保护陆生野生动物，以及工程区域河流水域分布的山瑞鳖、小爪水獭、水獭等 3 种国家级重点保护水生野生动物，大鳍鱼、双孔鱼、长丝鲚 3 种云南省Ⅱ级保护鱼类和红鳍方口鲃等 18 种澜沧江中下游特有鱼类等。

社会环境方面，受糯扎渡水电站水库淹没影响的农业生产安置人口为 48571 人（涉及布朗族、拉祜族、佤族等云南特有的世居少数民族），共规划了 57 个移民安置区，涉及库周 9 县（区）；有 2 个街场和 1 个非建制镇需迁建。糯扎渡水电站下游有景洪市城区（防洪）、自来水厂（供水）等受保护对象，下游河道有航运要求，并涉及思茅港和景洪港等航运基础设施。

2004 年 11 月，《云南省澜沧江糯扎渡水电站工程水土保持方案报告书（报批稿）》取得水利部的批复。2005 年 6 月，《云南省澜沧江糯扎渡水电站环境影响报告书（报批稿）》取得国家环保总局的批复。

工程涉及众多环境敏感保护目标，在项目环境影响报告书、水土保持方案报告书及批复意见基础上，按"三同时"制度要求进行环保水保总体设计，统筹布局环保水保措施体系，创新性地提出生态保护"两站一园"思路并成功实施，实施叠梁门分层取水，最大程度减缓了因工程建设产生的不利环境影响，成为开发与保护并重的工程典范。同时水土保持植物措施充分考虑各防治分区的施工特点、地形条件等，选择水土保持效益较好、速生性、适宜当地生长的树草种进行施工迹地植被恢复。此外，采用"分级处理、分级循环，自上而下分层取水，闭合循环再利用"的工作原理进行砂石废水的处理。

糯扎渡水电站珍稀植物园于 2008 年开工建设；珍稀野生动物救护站于 2009 年 10 月开工建设；珍稀鱼类人工增殖放流站于 2010 年建设完成并投入使用；2010 年 12 月，以"两站一园"为基础成立糯扎渡生物多样性保护教育基地，建设了展厅、标本展示及宣传教育场所，是当地科普教育基地的重要组成部分，为糯扎渡在生态环境保护及生物多样性教育方面提供了典型案例。

2011 年 9 月，糯扎渡水电站顺利通过了生态环境部组织的下闸蓄水阶段环境保护验收，为水电站下闸蓄水打下了良好的基础。

珍稀植物园：对 11 种国家重点保护植物及其他珍贵植物和群落进行迁地保护，系统性地提出珍稀植被迁地、珍稀植物迁地和基因三种类型的保护，开展珍稀植物种子采集、种子低温保存、珍稀植物育苗种植等保护（见图 11.1 - 1）。

图 11.1 - 1 珍稀植物园

珍稀野生动物救护站：对受水库蓄水影响的珍稀保护动物进行抢救性保护，建有动物救护区、饲养区、动物野化区及科研试验办公区等（见图 11.1 - 2）。

图 11.1 - 2 珍稀野生动物救护站

珍稀鱼类人工增殖放流站：开展珍稀鱼类增殖放流和技术研究，目前成功繁殖巨魾、岩原鲤、光唇裂腹鱼、叉尾鲇、短须裂腹鱼、细鳞裂腹鱼等6种野生鱼类（见图11.1-3）。

图 11.1-3　珍稀鱼类人工增殖放流站

11.2　叠梁门分层取水工程

针对糯扎渡水电站水库水温分层、发电进水口高程较低、下泄低温水对下游河段水生生态系统影响比较明显的问题，昆明院与多家大学和科研机构合作，牵头组织开展了分层取水进水口结构布置、水温预测和水工模型试验等设计研究工作。分别采用一维和三维水动力学和水温数值模拟模型对水温结构进行复核及深化研究，并采用实测资料进行水温模型率定，对糯扎渡水库泄水温度对下游河道水温的影响进行预测分析。数值分析及水温模型试验结果表明，采用叠梁门多层取水进水口形式引取水库表层水是科学合理的，能够最大限度地减免下泄低温水对下游水生生物的影响。

11.2.1　水电站水温数学模型预测

（1）库区水温结构预测结果。通过系统地对各典型年预测结果的整理分析，利用数学模型对糯扎渡水电站库区进行了预测，分析了不同典型年库区水温的垂向分布。在此基础上，分析不同取水方案对发电下泄水温的影响，提出了距坝2.5km断面的垂向水温分布（图11.2-1～图11.2-3）。这一断面基本可以代表坝前的垂向水温分布。直接控制下泄水温，库区稳定分层的其他断面与这一断面的垂向水温分布有相似的规律。

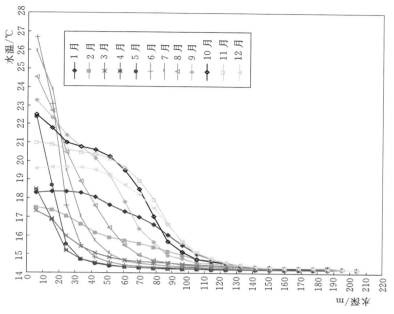

图 11.2-2 典型平水年各月坝前 2.5km 断面垂向水温分布

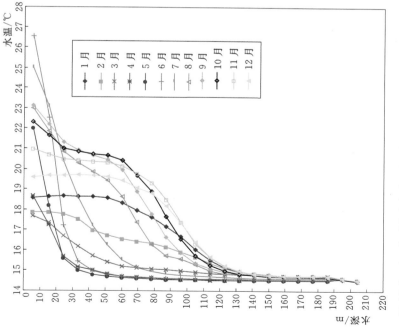

图 11.2-1 典型丰水年各月坝前 2.5km 断面垂向水温分布

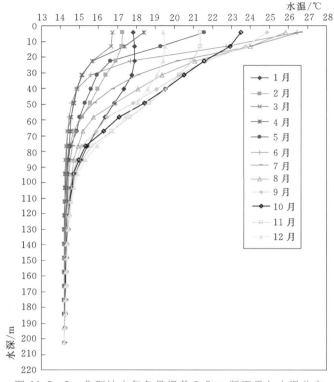

图 11.2 - 3　典型枯水年各月坝前 2.5km 断面垂向水温分布

（2）发电下泄水温预测结果及取水方案比选。为缓解下泄低温水对鱼类的影响，糯扎渡水电站在设计阶段提出了单层管道取水、两层管道取水和叠梁门多层取水 3 个取水方案进行比较，3 个典型年（典型丰、平、枯水年）下泄水温结果的数值分析对比结果显示，叠梁门方案与天然水温的差最小。

11.2.2　水电站水温物理模型试验

以糯扎渡水电站多层进水口叠梁门方案为研究对象，通过物理模型试验系统地研究了各典型水平年各月的下泄水温，揭示了水库水温分布、叠梁门顶高程（取水方案）以及下泄温度之间的关系，得出结论为：叠梁门高度增加，下泄水温提高，叠梁门对提高下泄水温有较为明显的作用；下泄水温提高的幅度不仅取决于叠梁门的高度，还取决于水库水温垂向分布，若水库的表层与底层水温温差大，则下泄水温提高幅度大，反之，下泄水温提高幅度小。这为类似大型水电站进水口的设计提供了理论依据。

11.3　珍稀鱼类人工增殖放流站工程

糯扎渡水电站工程完工后，库区环境会发生一系列的重大变化，库内许多土著鱼类将难以适应变化了的环境，各种鱼类为寻找适合于自身的生存环境而逐渐迁移。水电站大坝的建立，导致河流生境的片段化，形成生态系统脆弱的生境岛屿，使河流中原有的珍稀特有鱼类的种群被大坝分隔为坝上和坝下两个种群；而且两个种群之间无法自然进行基因交流，造成种群的遗传多样性下降。

建设糯扎渡鱼类增殖放流站，可以对那些种群数量已经减少或面临各种影响将大量减少的鱼类进行人工增殖，补充其资源数量。糯扎渡水电站鱼类增殖站根据鱼类不同阶段的生物学需求提出具体设计，同时从水电站运行管理特点提出可行的管理模式，使增殖站的建设及运行实效性、经济性最优。创造性地在催产孵化车间设计了一套养殖维生系统，既节水，又净化水质和控制水温，有效地提高了催产孵化率。糯扎渡水电站鱼类增殖放流站操作流程图见图 11.3－1。

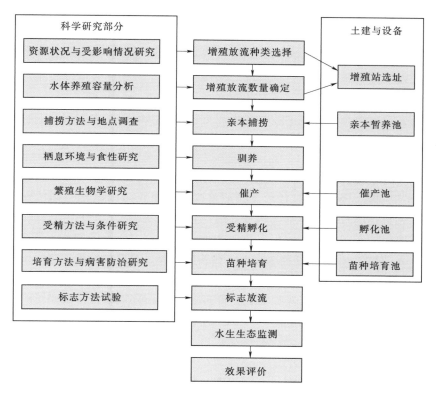

图 11.3－1　糯扎渡水电站鱼类增殖放流站操作流程图

糯扎渡水电站鱼类增殖放流站是云南省第一个水利水电鱼类增殖站建设项目，属省内领先，国内先进，具有较强的创新性，在探索鱼类保护工程设计方面做了有益的尝试。后期云南省内牛栏江—滇池补水工程等大型水利水电项目的建设人员都曾亲临该站进行过观摩学习。

11.4　珍稀植物园工程

糯扎渡水电站及周边区域是以森林生态系统为主要类型的陆生生态系统，其中原生的植物群落如季风常绿阔叶林、河谷季雨林（含季节雨林）、思茅松林、热性竹林和稀树灌木草丛等有一定的面积，具有对外界不稳定因素的抵抗能力。

水电站建设施工期会因占地而破坏工区内地表植被，造成森林生态系统面积减少且破碎化，水库蓄水后，将淹没一定量的河谷季雨林（含季节雨林）等自然植被，使河谷区域生态系统发生较大变化，大坝下游径流的改变也将对河漫滩植被及沿岸植被造成一定影响，或将导致生存于其中的部分植物种群数量减少，其中也包括一些珍稀濒危保护植物。

糯扎渡珍稀植物园建设的目的主要是对受水库淹没和工程征（占）地影响的珍稀保护陆生野生植物植株以及珍稀植被类型进行迁地保护，或对其种子进行采种繁育，以保持或扩充其种群数量。

设计对 3 个候选园址进行了技术经济比选，最终选择在大中河左岸的业主营地内建设珍稀植物园的园址方案。

珍稀植物园工艺设计包括水库淹没区及施工占地区珍稀植物挖取、移栽、管理；种子采集、幼苗培育、栽培等；部分植物基因异地保存等。主要土建及配套设施设计内容有各类专类植物园、观赏园、种子苗圃地、实验室及办公楼等。

糯扎渡工程是国内水电工程中较早提出建设珍稀植物园的水电工程之一。珍稀植物园的实施有效地减缓了区域生态系统和植物资源的影响，效果良好。其主要创新点和亮点如下：

（1）从植物迁地保护理论方面，创新性地提出"保护植物群落才是保护珍稀植物的有效方式"，并予以实现。稀有植被迁地保护群落建设在糯扎渡水电站珍稀植物园之前还没有先例可循，它是我国水电工程稀有植被迁地保护的首创。

多年的迁地保护实践证明，仅仅在个体或种群水平上的迁地保护并不是真正意义上的保护，仅可称为"物种保存"。这种保存方式在长期内并不具有持续性。糯扎渡水电站将受影响的澜沧栎林群落、榆绿木群落和江边刺葵群落三种群落类型，按照生态学上的"种数-面积"理论提出合适的群落迁地保护面积，群落主要物种数量根据"最小可存活种群"理论，确定移栽数量，并根据群落演替规律拟定初期群落的种类组成和空间结构。

糯扎渡水电站稀有植被迁地保护的成功，可为我国植被迁地保护提供一定理论和实践经验。

（2）创新性地提出采用种子库（基因保护）保护现阶段难于移栽或栽植的珍稀保护物种。糯扎渡水电站工程建设影响区有着丰富的野生植物资源，保存着丰富的遗传资源和基因多样性，是人类生存和社会可持续发展的重要战略资源。为尽可能保存住植物基因，糯扎渡水电站委托普洱市林业科学研究所对工程施工和水库淹没区植物进行种子采集和保存，可有效减少因物种受损而造成的基因散失。

11.5　珍稀野生动物救护站工程

糯扎渡水电站工程建设会对陆生野生动物栖息地及种群数量产生直接或间接的影响。在施工期，工程占地将彻底破坏施工区的原有植被，使生存在这一区域的陆生动物生境缩小并将被迫迁至新的生境。在运行期，由于水库移民、植被淹没和破坏、局地气候变化、人口增长等原因，动物组成和数量在水电站建成前后将有不同程度的变化，其中水库淹没将直接导致生存于淹没区及周边的动物生境缩小，甚至有个体的损失，大多数动物将迁徙别处，但不会造成重大损失。同时水库形成后湿地面积的增加，将会吸引一定数量的水禽和湿地鸟类迁到该地。

珍稀动物救护站建设的主要目的是搜救、暂养受水电站水库淹没、工程征（占）地和清库过程中不能及时避让的陆生珍稀保护野生动物的老、弱、病、残、卵和幼体等，使其得以保护，待其恢复健康后野化放养，避免其种群数量的损失。

珍稀动物救护站的工艺设计内容包括在水库淹没区清库和水库蓄水过程中搜救病、残及非法捕猎的野生珍稀濒危动物，并实施医护、暂养，最终于库区邻近的自然保护区等适生环境放养，并实施跟踪监测等。土建及配套设施规划设计内容包括暂养场、实验室以及办公楼等。

糯扎渡水电站动物救护站设计的创新点和亮点主要包括：

（1）是国内首个在水电站业主营地内自行建设的动物救护站工程。糯扎渡水电站周边分布有糯扎渡、澜沧江、威远江3个省级自然保护区，具有较好的在保护区内建设动物救护站的生境条件。但糯扎渡水电站环境影响评价和环境保护批复中大胆明确提出将动物救护站等"两站一园"建设在业主营地内，由业主自行开展运营管理的理念和要求，提高了国内大中型水电环境保护的要求和目标，强化了水电站建设单位的环境保护责任，进一步推动了我国水电水利工程中生态环境保护措施的升级和发展。

（2）开启了水电站企业与科研机构、地方政府合力研究救护野生动物的新模式。糯扎渡动物救护站创新了一直以来由地方政府主导动物救护的理念，实践了企业自主投资合法运营管理动物救护的新模式。同时，水电站也积极探索与政府和科研院所合力研究保护和救护野生动物的救护机制，通过引入专业的运营管理队伍和科研试验队伍，开启了云南省乃至国内第一个企业自主投资建设和运行管理的动物救护站。这是国内水电建设中陆生野生动物保护体系中的一个重大创新，为国内大中型企业自行合法建设及运行动物救护站提供了更多的经验和示范引领。

（3）是对小型的、临时性的野生动物救护站建设运行模式的有效探索。糯扎渡水电站动物救护站的设计以就近、及时、经济、科学为原则，有效借鉴国内外专业动物园、专业动物救护繁育中心站等的设计理念，针对水电站施工和运行过程中救护对象不确定、救护时间短、经费投入有限等问题，提出了笼舍、隔离等设施设计方案，满足专业救护和经济技术合理的双重要求，有效解决了小型临时性动物救护站建设和运行中存在的诸多难题，在一定程度上减缓了水电站施工期生产生活及人员活动、水电站蓄水及运行对动物栖息地、动物种群数量的不利影响。

11.6　水土保持工程

针对工程建设造成的水土流失问题，该工程提出了水土保持分区防治措施，系统地编制了水土保持方案并进行专项设计，通过存弃渣场挡渣墙、拦渣坝、排水、护坡工程、植树种草措施，土石料场排水、拦沙坝、场地平整及土地复垦措施，实现了可最大限度恢复项目建设区遭破坏的植被的目的，有利于控制因工程建设造成的新增水土流失，使防治区域水土保持状况满足当地政府水土保持规划的目标。对有效利用当地有限的水土资源，保障工程安全运行，减轻工程建设对周边生态环境破坏程度，改善当地人文景观，提高水库的旅游开发价值有着积极的意义。

另外，该方案还针对移民安置区和库岸失稳区问题提出了水土保持要求以及水库运行管理要求，供地方政府和业主处理移民安置区和库岸失稳区水土流失问题时参考。

同时，为尽快恢复施工临时占地的生态环境，业主还委托专业部门进行了景观绿化设计，与水土保持植物措施协同，对工区生态系统进行了有效的修复。

11.6.1 "预防为主"的设计理念

糯扎渡水电站主体工程设计始终将"预防为主"的水土流失防治方针贯穿于整个设计过程之中，符合当前水土保持规范对主体工程的约束性规定。

（1）提出枢纽工程总体布局及主要建筑物、存弃渣场、土石料场、施工设施均不涉及生态敏感区的要求，避开了自然保护区、生态脆弱区、泥石流易发区、崩塌滑坡危险区，以及易引起严重水土流失和生态恶化的地区。

（2）通过提前占用水库淹没区土地布设弃渣场、施工生产生活区，减少对库外土地和植被的占用、扰动和破坏；通过将开挖渣料用作大坝填筑和砂石骨料料源，减少弃渣和石料开采量；通过弃渣场与施工场地布置有机结合，利用弃渣平台作为施工生产场地，减少存弃渣场数量、石料开采规模和施工场地新增面积。

11.6.2 弃渣场的安全及稳定

通过借鉴水电水利工程主体设计经验，提出了渣场的水土保持综合防治措施体系和安全分析方法，确保渣场稳定可靠。主要体现在以下几方面：

（1）通过严格遵循水电水利工程有关设计洪水计算规范、防洪标准、水工建筑物设计规范，确定水土保持工程设计标准和工程等级，并考虑工程失事的危害，适当提高水土保持设施的工程等级和设计标准；将存弃渣场作为独立的水利工程进行设计，提出拦渣坝（堤）、边坡防护、截排水工程等措施，并进行工程稳定性分析计算，确保水土保持工程安全可靠。其设计思路符合当前建设项目水土保持设计规范要求，具有前瞻性和先进性。

（2）通过拟定多种工况，对主要渣场的堆渣体抗滑稳定安全系数进行分析，对布设于流量较大沟道中的勘界河和火烧寨沟渣场上游排水洞的过流能力进行复核。

（3）充分论证左、右岸下游沿河弃渣场对水电站发电尾水位及澜沧江行洪的影响，符合河道管理相关规定。

（4）根据工程特点，除分析施工期水土保持设施功能的可靠性以外，对运行期渣场可能存在的问题也进行全面分析并提出相应解决措施，避免留下隐患对工程运行造成影响。

11.6.3 表土剥离、保存和利用

糯扎渡水土保持方案前瞻性地明确提出水土流失防治区复耕、绿化所需土料的数量、

来源、存储去向及要求等设计内容，为施工迹地生态修复创造条件，同时减少因获取表土对其他区域的扰动破坏。

11.6.4　水土流失预测方法

针对水土流失重灾区，该工程水土流失预测在调查和计算出项目建设过程中可能损坏、扰动地表植被面积，弃土、弃渣的来源、数量、堆放方式、地点及占地面积的基础上，根据水土流失发生机理，结合水电站工程施工扰动特点和水土流失来源，分区、分时段、分流失强度预测施工过程中可能产生的新增水土流失量。其中，水土流失量采用侵蚀模数法和流弃比法进行预测，类比法确定预测参数，以正在建设的小湾水电站作为主要类比工程，同时参考漫湾、大朝山水电站调查结果，分析类比工程的水土流失特点、水土保持措施效果、植被恢复等情况，并参考国内其他水电工程的预测结果，最终确定糯扎渡水电站加速侵蚀系数和流弃比，明确提出存弃渣场、场内施工道路是产生水土流失的重点区域，以及由此可能带来的水土流失危害。经验证，实际监测到的水土流失重点区域与水土保持方案预测结果是一致的，进一步说明水土保持方案所采用的水土流失预测方法合理可行，在当时具有先进性。

11.6.5　水土保持优化设计

糯扎渡水电站工程施工期间，针对枢纽施工区先后编制完成或基本完成《澜沧江糯扎渡水电站农场土料场复耕技术要求》、《云南省澜沧江糯扎渡水电站尾水出口马道及边坡水土保持植被恢复措施设计》、《云南省澜沧江糯扎渡水电站工程招标及施工图阶段水土保持综合治理方案设计报告》、火烧寨沟存弃渣场 A 区水土保持综合治理，以及其他零星治理工程设计工作。其中，针对永久建筑及公路挖填形成的高陡边坡，昆明院相关技术人员进行了硬质边坡绿化关键技术的研究，综合岩石力学、土壤学、景观生态学、景观设计等多个学科，经调查、比选同类工程植被恢复技术，最终提出植生网坡面＋马道种植槽（池）绿化技术对永久建筑形成的高陡硬质边坡进行生态恢复，提升项目区生态环境质量。

随着移民安置政策发生改变，移民安置方案也发生较大调整。逐一对 40 多个安置点编报安置区水土保持方案报告书，取得地方水行政主管部门批复后，先后开展初步设计阶段、施工详图阶段的安置点水土保持设计。

综上所述，糯扎渡水电站工程水土保持工作是在水行政主管部门批复的水土保护方案基础上，根据工程施工及移民安置过程中工程的变化和调整，对各项水土保持措施不断进行优化和深化设计的过程。这些工作符合水土保持"三同时"制度要求，有效指导了水土保持工程的实施，为各项措施的落实奠定了基础。

11.7　高浓度砂石废水处理工程

针对糯扎渡砂石系统生产废水的水量水质特点，该工程采用高效污水净化器＋真空带式过滤机处理工艺对生产废水进行处理，共设置 5 套 DH-SSQ-150 型高效（旋流）污水净化器。废水处理后回用于砂石料加工工艺，从而大大降低了施工废水排放对澜沧江水质产生的影响。该工程工艺先进，处理效果经环境监测部门检测能满足回用工艺要求，且基本做到废水零排放，为大型水电工程生产废水处理的典范。

其创新点和亮点主要包括以下 6 个方面：

（1）技术改造。通过对原处理工艺进行技术改造，结合原有地形充分布置构筑物及设备，采用二层钢结构布置污泥脱水设备，有效解决了场地空间不足的难题。

（2）工艺先进。系统地进行工艺改造，实现了工艺路线短，运行稳定可靠，自动化程度高，管理操作简单，占地面积小的要求，同时出水水质标准高，满足回用要求，实现污染"零排放"。

（3）工艺适用范围广。可处理高浓度固体悬浮物（suspended solids，SS）废水，是国内为数不多的能够处理 SS≥10000mg/L 高悬浮物废水的一体化工艺设备。

（4）处理效率高。实现不同 SS 浓度废水净化时间缩短至 20~30min，同时净化水可回用或排放。

（5）污泥浓缩效果好。实现了从设备底流排出的污泥易脱水、快干化。

（6）结合性好。针对配套的混凝土拌和系统距离砂石加工系统近，且混凝土拌和冲洗废水水量较小的特点，系统地提出将拌和废水进行预处理后，利用管道输送至砂石加工废水处理系统一并处理的方案。

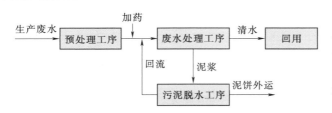

图 11.7-1 砂石加工系统生产废水多级处理工艺基本原理

提出的包含预处理工序、废水处理工序、污泥脱水工序的三环节生产废水多级处理工艺基本原理见图 11.7-1。

提出的以 DH 型高效（旋流）污水净化器为核心处理设备的处理方案工艺流程见图11.7-2。

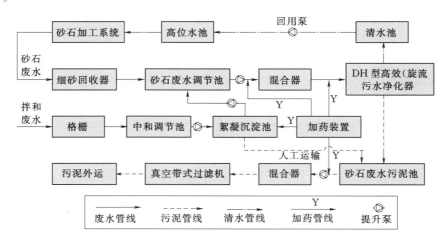

图 11.7-2 砂石加工及混凝土拌和系统生产废水处理工艺流程

第 12 章

征地移民工程

12.1 概述

糯扎渡水电站建设征地和移民安置工作经历了新老政策和规程规范交替的历史时期，移民安置总体进度比计划提前 2 年完成。水库淹没影响区移民工程实施后，由于移民意愿等发生变化，移民安置方案有较大的调整，生产安置方式由以农为主调整为以逐年补偿为主。在逐年补偿安置方式下，仍为生产安置的移民配置一定的土地资源。由于糯扎渡水电站建设征地移民安置工作面临任务重、时间紧、情况复杂、政策调整较大等问题，迫使在移民补偿补助政策应用、移民安置规划设计、移民安置管理、专题研究等方面进行了众多的创新与实践。特别是在全省逐年补偿安置尚未形成统一模式，均在过渡补助的格局下，提出了以下 5 项创新性研究：

(1) 移民安置方式研究。

(2) 逐年补偿安置标准研究。

(3) 移民安置进度计划调整研究。

(4) 阶段性蓄水专题研究。

(5) 库周非搬迁移民村组基础设施改善研究。

图 12.1-1 糯扎渡水库移民区

糯扎渡水库移民区见图 12.1-1，实物指标调查见图 12.1-2，建设征地见图 12.1-3。

(a) 实物指标调查现场

(b) 实物指标公示现场

图 12.1-2 实物指标调查

（a）淹没的景临大桥

（c）淹没的澜沧县热水塘街场

（b）淹没的田地及村庄

（d）淹没的虎跳石大桥

图 12.1-3　建设征地

12.2　移民安置方式

自云南省委、省政府把水电开发作为云南省支柱产业建设以来，云南省境内大中型水电工程建设迅猛发展，移民安置工作对水能资源开发发挥了极其重要的作用，确保了大中型水电工程的顺利建设。但是，由于云南省绝大部分水电站库区和移民安置区出现了"人地矛盾突出、人均耕地资源少、耕地后备资源缺乏、移民安置环境容量不足"等问题，实现"以农业生产安置为主"的安置方式难度较大。针对糯扎渡水电站移民安置工作呈现出"时间紧、任务重、工作难度大"的局面，进行了如下方面的研究：

（1）大农业安置方式研究。大农业安置方式是指通过土地开发整理或有偿流转，为移民配置土地资源，移民搬迁后仍从事农、林、牧、渔等农业生产活动的安置方式。

（2）逐年补偿安置方式研究。逐年补偿安置是指以建设征收耕地为基础，依据现行政策，以移民自愿选择为前提，变一次性静态补偿为逐年动态补偿的一种安置方式。项目业主对征地移民的耕地按依法审定的补偿标准，按年产值以实物或货币的形式对移民实行长期补偿。

在此两项研究的基础上，选取糯扎渡库区较典型的思茅区云仙乡坝塘村和景谷县勐班乡芒海村共 2 个村民委员会作为案例，分析研究糯扎渡水电站移民安置方式的应用成果。

案例一：思茅区云仙乡坝塘村移民采取"逐年补偿加少土安置"的安置方式

坝塘村地处澜沧江右岸，糯扎渡水电站建设征地涉及该村 9 个村民小组，征收耕地总面积为 1113.64 亩❶，耕地影响比例为 34.4％，水平年涉及生产安置人口 488 人。由于搬迁安置后，安置区土地资源较少、环境容量不足，且部分村民已逐步外出务工提高收入，经征求坝塘村村民意愿，坝塘村村民采取"逐年补偿加少土安置"的安置方式。

移民安置完成后，采取长期的货币补偿，保障了移民的基本生活。此外，对集中外迁移民人均配置了 0.3 亩水田，作为其基本口粮田，搬迁安置后移民不再从事传统的农业生产，主要依靠库周资源发展外出务工、经商、旅游、特色畜牧养殖等二、三产业，成了当地形式职业农民。对于未搬迁移民，主要利用村组剩余集体财产，自行流转库周剩余土地资源，自行开展农业生产活动。由于外迁移民生产经营活动和思想观念的影响，该部分移民的农业生产活动方式和生产水平均得到了极大改善和提高。

案例二：景谷县勐班乡芒海村移民仍采取"以土安置"的大农业安置方式

芒海村地处澜沧江左岸，糯扎渡水电站建设征地涉及芒海村 12 个村民小组，征收耕地总面积为 2619 亩，耕地影响比例为 66.7％，水平年涉及生产安置人口 1035 人，由于芒海村地处地广人稀的澜沧江江边，村民大多数是普通农民，对土地的依赖性较强，长期以来农业生产仍然是芒海村村民最重要的生活来源和保障。因此，经征求芒海村村民意愿，芒海村村民仍采取"以土安置"的大农业安置方式。

移民安置完成后，景谷县组织为芒海村村民人均配置了耕地 2.4 亩、经济林果地 5 亩。由于澜沧江江边水源丰富的土地被征收，为移民配置的土地主要是坡度较陡的坡地，水源紧缺，保水保肥能力较差。为盘活现有土地资源，提高农作物产量，芒海村组织对坡度较陡的中低产田进行土地整理后，还采取了坡改梯、秸秆还田、种植绿肥、测土配方施肥技术、施用专用肥、增施农家肥等技术措施进行改良，并配套建设了生产道路和灌溉沟渠，极大地提高了土地质量，增加了农民收入。

糯扎渡水电站移民安置方式专题研究成果获得了"2012 年度中国水电工程顾问集团公司科技进步三等奖"，有效地解决了库区和安置区环境容量不足的问题，既推进了移民安置工作进度，又减轻了地方工作难度，取得了较好的移民安置效果，具有重要意义。

12.3 逐年补偿安置标准

根据糯扎渡水电站移民安置实际，确定在大农业安置基础上实行逐年补偿多渠道多形式安置方式后，逐年补偿安置标准的确定成了糯扎渡水电站移民安置实施过程中的重大问题。逐年补偿标准的确定，既要考虑项目业主的筹资能力以及项目建设的经济合理性，还要确保移民的基本生活保障，是实行逐年补偿移民安置方式最基础也是最关键的工作之一。为尽快推动糯扎渡水电站建设征地移民安置规划工作，根据云南省搬迁安置办安排，昆明院通过与普洱、临沧两市和 9 县（区）进一步沟通、交流，开展了糯扎渡水电站移民安置逐年补偿标准的专题研究工作。

逐年补偿是以水库淹没影响的耕地为基础，按耕地年产值以货币形式对逐年补偿人口

---

❶ 1 亩≈666.67m²。

进行长期补偿。逐年补偿专题研究报告从"淹多少，补多少"标准、当地城镇居民最低生活保障标准、全库区最少人均耕地等三种方案分析研究了逐年补偿标准，开展了方案比选工作，并提出了糯扎渡水电站逐年补偿标准参照当地城镇居民最低生活保障标准的建议。提出了以下方案：

（1）方案一。方案一依据"淹多少，补多少"的原则，将糯扎渡水电站全部淹没的集体耕地面积按耕地年产值以货币形式作为逐年补偿标准。方案一的主要特点就是淹没影响的耕地数量决定了享受逐年补偿的标准，各县（区）、各乡（镇）、各村（组）淹没影响耕地数量不尽相同，涉及逐年补偿标准也不相同。经分析计算，糯扎渡水电站全库区平均逐年补偿标准为 225 元/（人·月）。

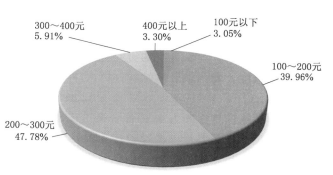

图 12.3 - 1 糯扎渡水电站"淹多少，补多少"逐年补偿标准分布图

方案一计算的逐年补偿标准分布情况见图 12.3 - 1。

（2）方案二。方案二以当地城镇居民最低生活保障标准作为逐年补偿标准。通过调查，普洱市城镇居民最低生活保障标准为 187 元/（人·月）、临沧市城镇居民最低生活保障标准为 182 元/（人·月），综合考虑后按 187 元/（人·月）作为逐年补偿标准。

为了实现方案二的逐年补偿标准，对纳入逐年补偿的耕地面积不足的村组，其缺口资金每年约 157 万元。对用于逐年补偿后耕地面积超出的村组（人均耕地大于 1.21 亩的村组），为了充分利用现有已划拨的土地资源，各村组可根据实际情况将剩余的耕地补偿费为移民配置一定数量的耕地。经计算，全库区平均可为移民配置标准耕地 0.29 亩/人。

（3）方案三。方案三以整个库区最少人均耕地指标作为逐年补偿标准。糯扎渡水电站建设征地人均耕地最少的县（区）为云县，人均标准耕地（以水田计）面积为 0.95 亩，据此分析计算的各县（区）逐年补偿标准为 147 元/（人·月）。

为了实现方案三的逐年补偿标准，对纳入逐年补偿的耕地面积不足的村组，其缺口资金每年约 33.8 万元。对用于逐年补偿后耕地面积超出的村组（人均耕地大于 0.95 亩的村组），为了充分利用现有已划拨的土地资源，各村组根据实际情况将剩余的耕地补偿费为移民配置一定数量的耕地。经计算，全库区平均可为移民配置标准耕地 0.5 亩/人。

逐年补偿安置标准专题研究通过对上述三种逐年补偿标准进行分析比选，最终提出以当地城镇居民最低生活保障标准为标准的建议，并成功应用到糯扎渡水电站移民安置逐年补偿工作中。对人均耕地面积大于 1.21 亩的村组，其剩余耕地的土地补偿费结算至村民小组，用于为移民配置一定数量的耕地；对人均耕地面积不足 1.21 亩的村组，在移民安置规划中计列了一定数量的生产安置措施补助费用，确保了移民逐年补偿资金及时兑付到位。

12.4 移民安置进度计划调整

在糯扎渡水电站移民安置实施过程中，由于主体工程提前2年蓄水发电，可行性研究阶段审定的移民安置进度计划势必不能满足移民安置进度要求。为顺利推进移民安置工作，保障糯扎渡水电站按期完成建设，昆明院开展了糯扎渡水电站移民安置进度计划调整的专题研究工作，并编制了专题研究报告。专题研究报告主要从主体工程工期、移民安置实施进度、进度计划调整分析论证、进度计划调整对应的保障措施和措施保障费用等方面进行研究。

制约库区提前蓄水的因素主要有以下两个方面：

（1）农村移民安置进度缓慢。糯扎渡水电站水库淹没影响区745.00m水位以下涉及搬迁人口1360户5622人（外迁集中安置824户、靠自行安置536户）。根据蓄水计划，2011年11月下闸蓄水前要完成745.00m水位线以下移民搬迁安置工作。但截至2011年6月底，各集中安置点的移民仍有在建房540户，未启动建房149户；后靠自行安置在建房251户，未启动建房95户。移民搬迁安置工作面临时间紧、任务重的困难。截至2011年6月糯扎渡库区745.00m水位以下移民建房进度示意图见图12.4-1。

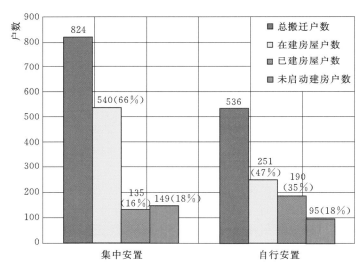

图12.4-1 截至2011年6月糯扎渡库区745.00m水位以下移民建房进度示意图

（2）库底清理工作进度迟缓。各县区库底清理工作进度迟缓，745.00m水位以下林木砍伐量约占库底清理砍伐总量的50%。库底清理进度迟缓的原因主要有3个：①部分移民对实物指标数量不满意，阻挠清库。②部分移民要求尽快兑付集体林园地的土地补偿费，移民诉求得不到满足导致林园地林木砍伐进度缓慢。③雨季天气影响林园地焚烧也极大地制约了库底清理的进度。

鉴于此，为实现糯扎渡水电站2011年11月如期下闸蓄水的目标，针对当时部分移民项目滞后的情况并结合糯扎渡水电站建设征地移民安置工作实际，昆明院从确保移民的生产生活水平不降低和生命财产安全、加强移民安置工作力度、维护社会稳定、建立和完善奖励机制等方面提出了以下保障措施：切实维护移民合法权益，保障移民生产生活水平不降低；完善基础设施，改善生活环境，确保移民生活质量；完善临时过渡措施，确保移民生命财产安全；积极采取有效措施，加大工作力度，确保库底清理满足下闸蓄水要求；增加移民安置工作经费，加强移民安置工作推进力度，维护社会稳定；建立和完善奖惩机制，积极推动移民安置工作。

在云南省人民政府的统一领导下，普洱、临沧两市人民政府精心组织，以水库淹没涉及各县（区）人民政府为主体，通过相关各方紧密配合和共同努力，糯扎渡水电站下闸蓄水前的阶段性移民安置工作按计划基本实施完成，确保了糯扎渡水电站 2011 年 11 月如期下闸蓄水，取得了较好的经济和社会效益。

移民安置进度计划经过调整后，满足了主体工程建设进度要求，减轻了移民安置工作压力，有序推进了移民安置工作，维护了库区和移民安置区的社会稳定，为澜沧江流域其他项目移民安置工作提供了参考。

12.5　分期蓄水与移民安置

《水电工程验收管理办法》规定，水库蓄水前应完成移民安置项目的验收工作。根据糯扎渡水电站当时的实际情况来看，虽然移民安置方案经过优化，搬迁安置人口已优化调整到 1.4 万人，但要在短短的一年半时间内完成移民安置与大量专业项目改复建等规划设计与实施工作，对设计单位与地方政府来说都是艰巨的任务。如采取极端手段，在下闸蓄水前按期完成所有安置任务并满足验收要求，必然导致移民安置工作质量低下，库区社会矛盾激化，并产生较强的社会不稳定性。但如果不能按时完成下闸任务，对已投入大量人力、物力与财力的项目业主及云南省的经济发展势必造成不利影响。

鉴于此，昆明院进行了阶段性蓄水专题研究工作，主要是基于糯扎渡水电站蓄水的 3 个时间节点和控制性水位，分析研究了糯扎渡水电站分期蓄水的可行性和合理性，并提出分期蓄水处理范围、分期移民安置任务和分期移民安置费用。经过研究，糯扎渡水电站库区建设征地移民安置（包括农村移民安置、专业项目复建、集镇迁建和库底清理等）按以下控制水位分三期实施：

第一期，在 2011 年 11 月以前完成库区高程 745.00m 以下移民安置和库底清理工作，移民安置任务涉及搬迁移民 5622 人，库底清理 130km^2。

第二期，在 2012 年 4 月以前完成库区高程 790.00m 以下移民安置和库底清理工作，移民安置任务涉及搬迁移民 3134 人，库底清理 87km^2。

第三期，在 2012 年 7 月以前完成库区征地处理范围内所有移民安置和库底清理工作，移民安置任务涉及搬迁移民 5687 人，库底清理 59km^2。

糯扎渡水电站阶段性蓄水专题研究工作厘清了分期蓄水处理范围、分期实物指标和分期移民安置任务，为糯扎渡水电站提前两年蓄水发电提供了理论基础，为有序地、重点地、有针对性地开展移民安置工作提供了依据。

阶段性蓄水专题研究成果成功应用到了糯扎渡水电站移民安置工作中，效果主要有以下 3 个方面：①在糯扎渡水电站主体工程提前两年下闸蓄水的背景下，减轻了地方政府在移民安置实施期间的压力，逐步分期安排移民安置任务规避了潜在的社会不稳定风险。②在水电工程建设进入高峰期背景下，阶段性下闸蓄水的专题研究有利于稳步推进移民安置工作，确保主体工程提前蓄水发电、提前产生效益。③糯扎渡水电站阶段性分期蓄水的专题研究为 2018 年 12 月国家能源局发布《水电工程阶段性蓄水移民安置实施方案专题报告编制规程》提供了有力的素材和实践支撑。

12.6　库周非搬迁移民基础设施改善

近年来随着我国经济社会的不断发展，国家对农村基础设施建设不断提出了新的建设标准和要求。根据省搬迁安置办和项目业主要求，昆明院组织对库周非搬迁移民村组基础设施改善条件和改善标准进行了分析研究，提出以非搬迁移民村组生产安置人口占剩余村组总人口的比例作为基础设施改善条件和改善标准的确定原则，并配合普洱、临沧两市涉及的 9 个县（区）编制完善了基础设施完善项目的建设方案。在此基础上，昆明院分析计算了糯扎渡水电站非搬迁移民村组的基础设施改善项目和改善费用，编制了专题研究报告，并经省搬迁安置办组织审查后，提交普洱市和临沧市组织实施。主要研究成果如下：

（1）基础设施改善条件分析。为分析确定需进行基础设施改善的移民村组，昆明院分析提出了非搬迁移民村组生产安置人口占剩余村组总人口、就地生产安置人口数量和移民村组剩余总人口数量两个指标作为边界条件，并提出 4 个处理方案：①就地生产安置人口占比大于等于 30%。②生产安置人口占比大于等于 50%。③生产安置人口占比大于等于 30% 且就地生产安置人口数量大于 100 人。④生产安置人口占比大于等于 50% 且就地生产安置人口数量大于 50 人。

（2）基础设施改善范围分析拟定。经分析梳理，根据分析确定的基础设施改善条件，糯扎渡水电站 179 个非搬迁移民村组中，方案一需进行基础设施改善的村组为 140 个，方案二为 106 个，方案三为 75 个，方案四为 93 个。

（3）基础设施改善项目。结合涉及基础设施改善村组的移民生产生活现状，昆明院配合普洱、临沧两市涉及的 9 个县（区）提出了基础设施完善项目。

其中：方案一包括道路硬化 122.26km、新建文化室 143 个、公厕 109 个、垃圾池 159 个、新建活动场地 27 处、布设太阳能路灯 420 盏、村外供水水池 7613m³、水窖 600m³、水管 25km、改建道路 17.2km；方案二包括道路硬化 99.44km、新建文化室 109 个、公厕 80 个、垃圾池 116 个、新建活动场地 20 处、布设太阳能路灯 318 盏、村外供水水池 1605m³、水管 10km、改建道路 17.2km；方案三包括道路硬化 82.59km、新建文化室 84 个、公厕 72 个、垃圾池 115 个、新建活动场地 8 处、布设太阳能路灯 225 盏、村外供水水池 1390m³、水管 7km、改建道路 6.0km；方案四包括道路硬化 97.35km、新建文化室 99 个、公厕 83 个、垃圾池 125 个、新建活动场地 13 处、布设太阳能路灯 279 盏、村外供水水池 1485m³、水管 10km、改建道路 11.2km。

（4）基础设施改善费用。鉴于非搬迁移民村组基础设施改善项目数量多、项目零散、杂乱，不便于集中开展勘察设计工作，其改善费用按照改善规模和综合补助单价分析估算改善费用后，采取补助形式，由涉及的地方政府和移民村组自行实施完成。综合补助单价参照糯扎渡水电站已实施完成的移民安置点审定的设计成果等进行综合分析确定，其中：道路硬化综合单价为 80 万元/km、文化室为 12 万元/个、公厕为 15 万元/个、垃圾池为 3 万元/个、活动场地为 20 万元/处、太阳能路灯为 1 万元/盏、村外供水管为 15 万元/km、新建村外道路为 150 万元/km。

经分析计算，各方案对应的库周非搬迁移民村组基础设施改善费用分别为 15922.42 万元、12562.88 万元、9851.05 万元和 11877.28 万元。

（5）基础设施改善影响分析。糯扎渡水电站库周非搬迁移民村组基础设施改善项目实施后，地方政府结合后期扶持和扶贫资金统筹实施改善项目，为移民村组实施脱贫攻坚战略和乡村振兴战略产生了巨大的推动作用，营造了一个和谐稳定的库区环境。同时，4 个实施方案中最大投资仅为 1.5 亿元，占糯扎渡水电站移民安置总费用的比例约为 1.5%，项目业主筹资压力不大。

库周非搬迁移民村组基础设施改善研究成果为云南省搬迁安置办和项目业主决策提供了重要的科学依据，为库周非搬迁移民村组带来了较好的经济和社会效益，推动了移民村组经济社会稳步发展，营造了和谐稳定的库区环境，统筹后期扶持和扶贫等其他项目资金，确保项目发挥效益，为同类其他项目移民安置提供了参考和借鉴。

第 13 章

工程数字化

13.1 概述

糯扎渡水电站创新性地对工程数字技术进行了应用，主要通过规划设计、工程建设和运行管理三个阶段来体现，涵盖枢纽、机电、水库和生态四大工程，应用深度从枢纽布置格局与坝型选择的三维可视化，三维地形地质建模，建筑物三维参数化设计，岩土工程边坡三维设计，基于同一数据模型的多专业三维协同设计，基于三维 CAD/CAE 集成技术的建筑物优化与精细化设计，大体积混凝土三维配筋设计，施工组织设计（施工总布置与施工总进度）仿真与优化技术，直至设计施工一体化及数字化移交等（见图 13.1-1 和图 13.1-2）。成果主要包括：三维地形地质建模、三维协同设计、三维 CAD/CAE 集成分析、施工可视化仿真与优化、水库移民、生态景观 3S 及三维 CAD 集成设计、三维施工图与数字化移交、工程建设质量实时监控、工程运行安全评价及预警、数字大坝全生命周期管理等。

图 13.1-1　规划设计三维图与工程完工实景对比图（工程完工度高）

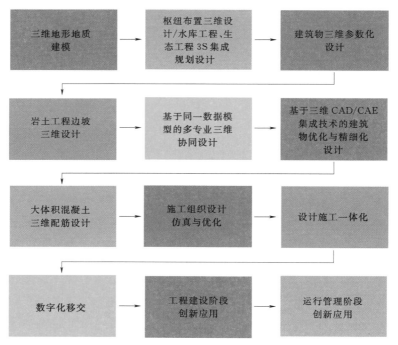

图 13.1-2　BIM 应用深度

13.2　规划设计阶段数字化技术

13.2.1　数字化协同设计流程

　　创新性地提出水电站三维设计以 ProjectWise 为协同平台，测绘专业通过 3S 技术构建三维地形模型，勘察专业基于 3S 及物探集成技术构建初步三维地质模型，地质专业通过与多专业协同分析，应用 GIS 技术完成三维统一地质模型的构建，其他专业在此基础上应用 AUTOCAD 系列三维软件 REVIT、INVENTOR、CIVIL 3D 等开展三维设计，设计验证和优化借助 CAE 软件模拟实现；应用 NAVISWORKS 完成碰撞检查及三维校审；施工专业应用 AIW 和 NAVISWORKS 进行施工总布置三维设计和 4D 虚拟建造；最后基于云实现三维数字化成果交付。报告编制采用基于 SharePoint 研发的文档协同编辑系统来实现。三维协同设计流程见图 13.2－1。

图 13.2－1　三维协同设计流程

13.2.2　基于 GIS 的三维统一地质模型

　　基于已有地质勘探和试验分析资料，应用 GIS 技术初步建立了枢纽区三维地质模型。在招标及施工图阶段成功研发了地质信息三维可视化建模与分析系统 NZD－VisualGeo，根据最新揭露的地质情况，快速修正了地质信息三维统一模型，为设计和施工提供了交互平台，提高了工作效率和质量。基于 GIS 的三维统一地质模型见图 13.2－2。

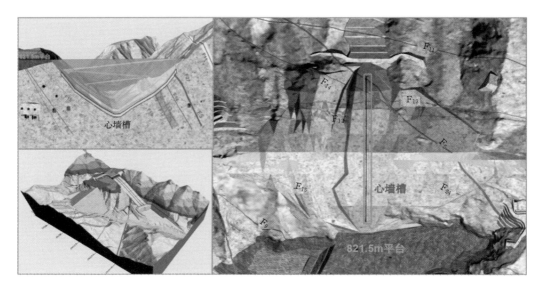

图 13.2 - 2　基于 GIS 的三维统一地质模型

13.2.3　多专业三维协同设计

基于逆向工程技术，创新性地实现了 GIS 三维地质模型的实体化。在此基础上，各专业应用 CIVIL 3D、REVIT、INVENTOR 等直接进行三维设计，再通过 NAVISWORKS 进行直观的模型整合审查、碰撞检查、3D 漫游、4D 建造等，为枢纽、机电工程设计提供完整的三维设计审查方案。多专业三维协同设计见图 13.2 - 3。

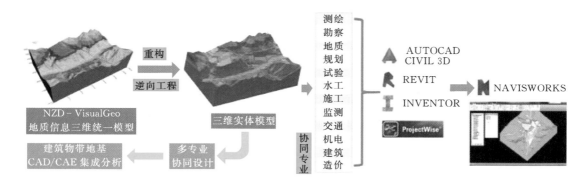

图 13.2 - 3　多专业三维协同设计

13.2.4　CAD/CAE 集成分析

1. CAD/CAE 集成"桥"技术

针对糯扎渡水电站工程，形成了 CAD/CAE 集成"桥"技术。CAD/CAE"桥"技术是指高效地导入 CAD 平台完成的几何模型，将连续、复杂、非规则的几何模型转换为离散、规则的数值模型，最后按照用户指定的 CAE 求解器的文件格式进行输出的一种技术。

在 CAD/CAE 集成系统中增加一个"桥"平台，专职数据的传递和转换，在解放 CAD、CAE 的同时，让集成系统中的各模块分工明确，不必因集成的顾虑而对 CAD 平台、CAE 平台或开发工具有所取舍，具有良好的通用性。一改以往的"多 CAD－多 CAE"混乱局面为简单的"多 CAD－'桥'－多 CAE"。

经比选研究，选择 Altair 公司的 HyperMesh 作为"桥"平台，采用 Macros 及 Tcl/Tk 开发语言，实现了与最广泛的 CAD、CAE 平台间的数据通信及任意复杂地质、结构模型的几何重构及网格生成，见图 13.2－4。

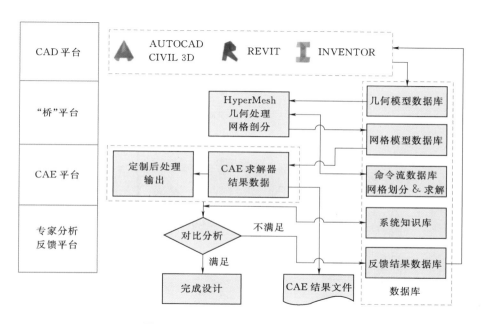

图 13.2－4　CAD/CAE 集成分析流程

支持导入的 CAD 软件：CIVIL 3D、REVIT、INVENTOR 等。

支持导出的 CAE 软件：ANSYS、ABAQUS、Flac3D、Fluent 等。

2. 数值仿真模拟

在"桥"技术转换的网格模型基础上，针对工程结构进行应力应变、稳定、渗流、水力学特性、通风、环境流体动力学等模拟分析（见图 13.2－5），快速完成方案验证和优化设计，大大提高了设计效率和质量。

根据施工揭示的地质情况，结合三维 CAD/CAE 集成分析和监测信息反馈，实现地下洞室群及高边坡支护参数的快速动态调整优化，确保工程安全和经济。地下洞室群数值模拟成果见图 13.2－6。

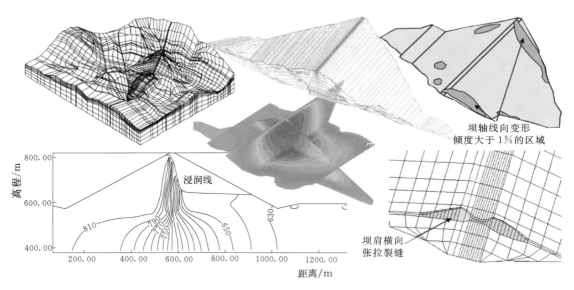

（a）大坝结构及渗流分析

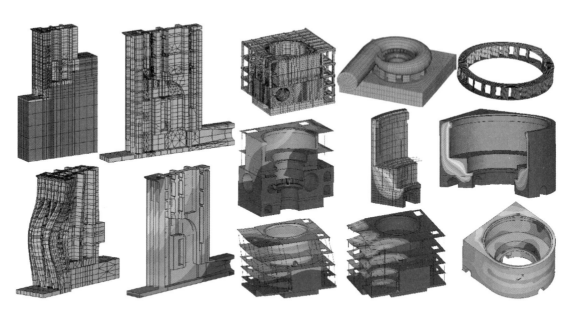

（b）建筑物结构分析

图 13.2-5（一） 数值仿真模拟成果

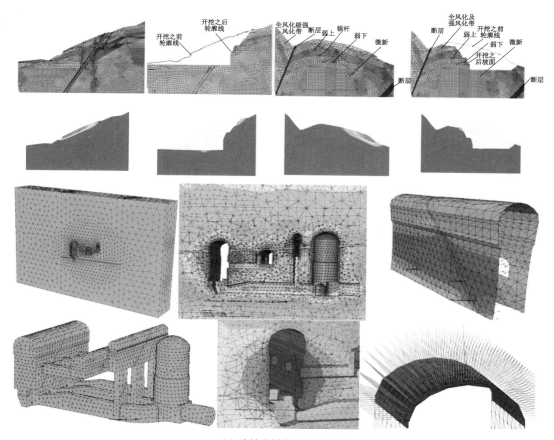

（c）边坡及围岩稳定性分析

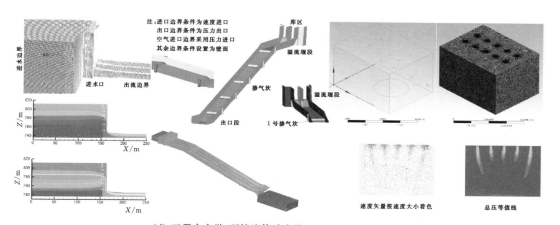

（d）工程水力学、环境流体动力学、地下洞室通风等模拟分析

图 13.2-5（二） 数值仿真模拟成果

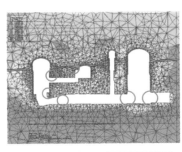
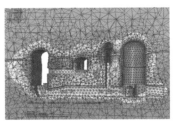
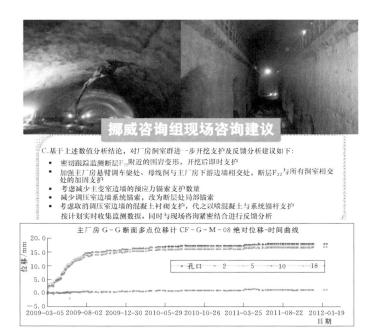

图 13.2 - 6　地下洞室群数值模拟成果

13.2.5　施工总布置与总进度

针对糯扎渡水电站工程，提出施工总布置优化：以 CIVIL 3D、REVIT、INVENTOR 等形成的各专业 BIM 模型为基础，以 AIW 为施工总布置可视化和信息化整合平台（见图 13.2-7），实现模型文件设计信息的自动连接与更新，方案调整后可快速全面对比整体布置及细部面貌，分析方案优劣，大大提升施工总布置优化设计的效率和质量。

图 13.2 - 7　枢纽工程施工总布置

　　同时提出施工进度和施工方案优化：应用 NAVISWORKS 的 TimeLiner 模块将 3D 模型和进度软件（P3、Project 等）链接在一起（见图 13.2-8），在 4D 环境中直观地对施工进度和过程进行仿真，发现问题，可及时调整优化进度和施工方案，进而实现更为精确的进度控制和合理的施工方案，从而达到降低变更风险和减少施工浪费的目的。

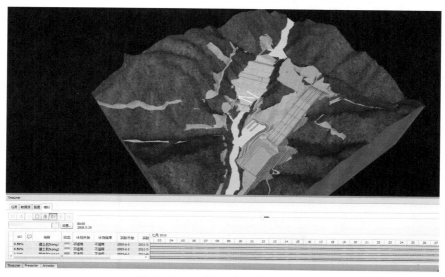

图 13.2-8　施工总进度 4D 仿真

13.2.6　三维出图质量和效率

　　在糯扎渡水电站工程中，通过三维标准化体系文件的建立、多专业并行协同方式的确立、设计平台下完整的参数化族库、三维出图插件二次开发、三维软件平立剖数据关联和严格对应实现了三维工程图快速输出，满足不同设计阶段的需求，有效地提高了出图效率和参数化族库质量（见图 13.2-9~图 13.2-11），三维出图插件见图 13.2-12。

图 13.2-9　安全监测 BIM 模型库

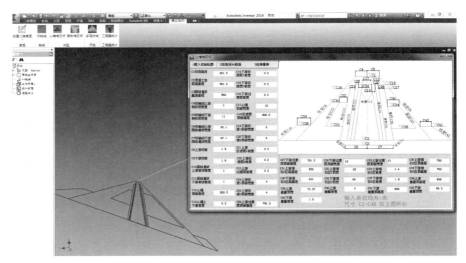

图 13.2 - 10　水工参数化设计模块

图 13.2 - 11　机电设备族库

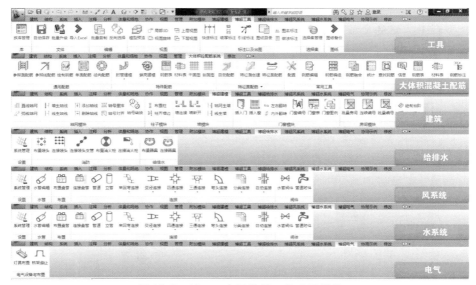

图 13.2 - 12　二次开发后三维出图插件

　　糯扎渡水电站设计的全部工程专业均通过 BIM 综合平台直接生成三维模型，施工图纸均从三维模型直接剖切生成，其平立剖及尺寸标准自动关联变更，有效解决错、漏、碰问题，减少图纸校核审查工作量，与二维 CAD 相比，三维出图效率提升 50% 以上。结合传统制图规定及 BIM 技术规程体系，针对三维设计软件本地化方面做了大量二次开发工作，建立了三维设计软件本地化标准样板文件及三维出图元素库，并制定了《三维制图规定》，对三维图纸表达方式及图元的表现形式（如线宽、各材质的填充样式、度量单位、字高、标注样式等）做了具体规定，有效地保障了三维出图质量。

13.2.7　数字化移交

针对糯扎渡水电站工程，通过 BIM 综合平台，协同厂房、机电等专业完成水电站厂房三维施工图纸设计，应用基于云计算的建筑信息模型软件 AUTODESK BIM 360 GLUE 把施工图设计方案移到云端移交给业主，聚合各种格式的设计文件，高效管理，在施工前排查错误，改进方案，实现真正的设计施工一体化协同设计。三维协同设计及数字化移交大大提高了"图纸"的可读性，减少了设计差错及现场图纸解释的工作量，保证了现场的施工进度。同时，图纸中反映的材料量统计准确，有力地保证了施工备料工作的顺利进行，三维施工图得到了水电站业主的好评。数字化移交系统见图 13.2-13。

图 13.2-13　数字化移交系统

13.3　工程建设阶段数字化技术

针对该工程的建设阶段，在规划设计 BIM 模型的基础上，集成质量与进度实时监控数字化技术，完成了糯扎渡水电站数字大坝—工程质量与安全信息管理系统。

糯扎渡水电站高心墙堆石坝划分为 12 个区，8 种坝料，共 3432 万 m^3，工程量大，施工分期分区复杂，坝料料源多，坝体填筑碾压质量要求高（见图 13.3-1）。常规施

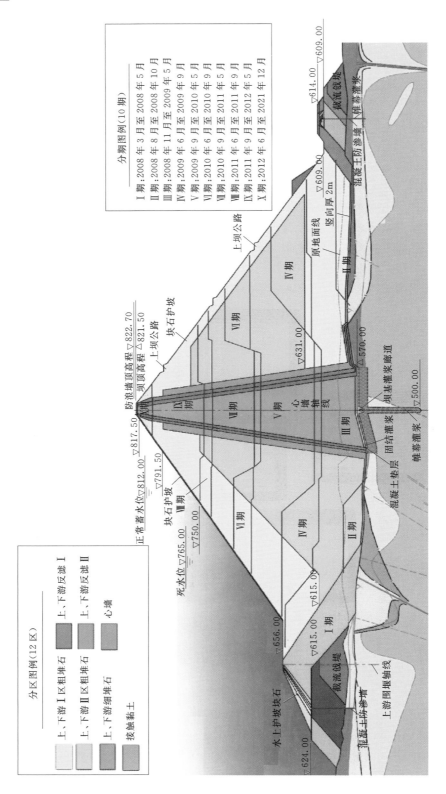

图 13.3 - 1 高心墙堆石坝施工特点及难点

工控制手段由于受人为因素干扰大，管理粗放，故难于实现对碾压遍数、铺层厚度、行车速度、激振力、装卸料正确性及运输过程等参数的有效控制，难以确保碾压过程质量。

　　针对高心墙堆石坝填筑碾压质量控制的要求与特点，在规划设计 BIM 模型数据库基础上，建立填筑碾压质量实时监控指标及准则，采用 GPS、GPRS、GSM、GIS、PDA 及计算机网络等技术，提出了高心墙堆石坝填筑碾压质量实时监控技术、坝料上坝运输过程实时监控技术和施工质量动态信息 PDA 实时采集技术，研发了高心墙堆石坝施工质量实时监控系统（见图 13.3-2），实现了大坝填筑碾压全过程的全天候、精细化、在线实时监控。水电站大坝建设实践表明，该技术可有效保证和提高施工质量，使工程建设质量始终处于真实受控状态，为高心墙堆石坝建设质量控制提供了一条新的途径，是大坝建设质量控制手段的重大创新。

图 13.3-2　大坝施工质量实时监控现场照片

　　在 BIM 技术的支撑下，国内最高土石坝糯扎渡 261.5m 高心墙堆石坝提前一年完工，水电站提前两年发电，工程经济效益显著。该项技术不仅适用于心墙堆石坝，还适用于混凝土面板堆石坝和碾压混凝土坝，应用前景十分广阔，已在雅砻江官地、金沙江龙开口、金沙江鲁地拉、大渡河长河坝、缅甸伊洛瓦底江流域梯级水电站等大型水利水电工程建设中推广应用。

13.4　运行管理阶段数字化技术

　　在糯扎渡水电站运行管理阶段，在规划设计 BIM 基础上，集成工程安全综合评价及预警数字化技术，构建了运行管理 BIM，成功研发了工程安全评价与预警管理信息系统。系统由系统管理模块、安全指标模块、监测数据与工程信息模块、数值计算模块、反演分析模块、安全预警与应急预案模块和数据库及管理模块等 7 个模块构成，集监测数据采集与分析管理、大坝数值计算与反演分析、安全综合评价指标体系及预警系统、巡视记录与文档管理等于一体，为工程监测信息管理、性态分析、安全评价及预警发挥了重要作用。工程安全评价与预警管理信息系统界面见图 13.4－1。

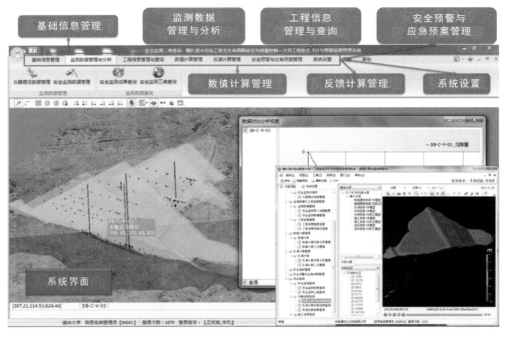

图 13.4－1　工程安全评价与预警管理信息系统界面

第 14 章

结语

14.1　工程综合勘察创新成果

（1）坝址区工程地质分区规划。坝址区工程地质条件复杂，岩体风化程度、构造发育程度等均呈现很大的不均一性。在详细分析坝址区地层岩性、地质构造、风化卸荷、地下水等基本地质条件的基础上，参考岩体质量综合分类的方法，将坝址区工程地质条件按不同等级从好至差分为 A、B、C、D、E、F 六个区。工程地质分区为枢纽建筑布置提供了可靠依据。

（2）花岗岩构造软弱岩带渗透变形试验及固结灌浆试验。坝基右岸中部岩体受构造、风化、蚀变等因素的综合影响，形成了大致顺河方向延伸并包括断层在内的构造软弱岩带，带内岩体破碎，风化较强烈、完整性差，各级结构面发育，而且多夹泥或附有泥质薄膜。由于构造软弱岩带岩体强度及变形模量低、抗变形性能差，渗透性较大，易产生不均匀变形，难以满足大坝对地基强度、抗变形性能及防渗方面的要求，为了给坝基处理措施提供依据，特对该构造软弱岩带开展渗透变形试验及固结灌浆试验。

（3）三维地质建模与分析关键技术及工程应用。在可行性研究设计阶段，充分利用已有地质勘探和试验分析资料，应用 GIS 技术初步建立了枢纽区三维地质模型。在招标及施工图阶段，研发了地质信息三维可视化建模与分析系统 NZD－VisualGeo，根据最新揭露的地质情况，快速修正了地质信息三维统一模型，为设计和施工提供了交互平台，提高了工作效率和质量。

14.2　心墙堆石坝创新成果

（1）针对水电站天然土料黏粒含量偏多、砾石含量偏少、天然含水率偏高，不能满足超高心墙堆石坝强度和变形要求的难点，采用掺人工级配碎石对天然土料进行改性，系统开展了大量的室内和大型现场试验，提出了超高心墙堆石坝人工碎石掺砾防渗土料成套技术，居国际领先水平。

（2）发展了适合于超高心墙堆石坝的坝料静、动力本构模型和水力劈裂及裂缝计算分析方法，居国际领先水平。建立了基于 Rowe 剪胀模型的堆石体剪胀公式，提出了坝料本构模型参数的整理分析方法；发展了土的动力量化记忆本构模型，提出了量化记忆（SM）模型参数随应变和围压变化的规律，模拟了大三轴试样动力试验过程，验证了多维量化记忆模型的有效性；建立了心墙水力劈裂计算模型及扩展过程有限元算法；发展了基于无单元-有限元耦合方法的土石坝张拉裂缝三维仿真计算程序，推导建立了心墙水力劈裂计算模型及扩展过程有限元算法。

（3）超高心墙堆石坝成套设计准则。针对现行设计规范不适用超高心墙堆石坝设计需求问题，通过研究、总结与集成，系统地提出了超高心墙堆石坝的成套设计准则，包括开挖料勘察工作准则、心墙型式准则、坝料分区设计准则、坝基混凝土垫层分缝设计准则、渗流稳定分析与控制标准、变形协调控制标准、坝坡稳定分析及控制标准、新型工程抗震措施、量水堰与下游围堰"永临结合"措施等。

（4）超高心墙堆石坝施工质量实时监控技术。深入研究了高心墙堆石坝施工质量实时监控关键技术，提出了坝料上坝运输过程实时监控技术、大坝填筑碾压质量实时监控技术、施工质量动态信息 PDA 实时采集技术、网络环境下数字大坝可视化集成技术，开发了水电站"数字大坝"系统，实现了大坝施工全过程的全天候、精细化、在线实时监控，是世界大坝建设质量控制方法的重大创新。

14.3　泄洪建筑物创新成果

（1）高水头、大泄量堆石坝枢纽布置。合理的高水头、大泄量堆石坝枢纽布置，居国际先进水平。充分利用了坝址区的地形和地质条件布置泄洪消能建筑物，泄洪水流远离坝脚，可保证大坝的安全，并且通过整体水工模型试验进行验证，选择了合适方案。

（2）下游消能防冲设计。先进的下游消能防冲设计，居国际先进水平。在溢洪道出口预挖消力塘形成水垫塘，溢洪道挑射水流直接进入消力塘，通过消力塘消能后进入河道，减小了水流对河岸的冲刷，解决了与下游河道水流衔接问题。

（3）消力塘设计创新。护岸不护底的消力塘设计，居国际先进水平。采用护岸不护底的消力塘设计，减少底板混凝土工程量 15.7 万 m^3，取消了底板复杂的抽水排水系统，既降低了造价、缩短了工期，又方便了运行管理。

（4）超高速水流的溢洪道掺气设计。超高速水流的溢洪道掺气设计，居国际先进水平。通过常压和减压试验研究合理设置了溢洪道的掺气坎，避免了高速水流的空化空蚀破坏。

（5）大泄量、高水头泄洪隧洞掺气设计。大泄量、高水头泄洪隧洞掺气设计，居国际先进水平。大泄量泄洪隧洞工作闸门采用双孔合一的型式，降低了闸门的设计难度，同时明流洞段采用突扩突跌的方式进行掺气，保证隧洞有压流和无压流的水力过渡，同时避免了隧洞的空化空蚀破坏。经过右岸泄洪隧洞的实践，证明工程运行是安全的。

（6）大面积薄层高强度抗冲磨混凝土材料及温控设计。大面积薄层高强度抗冲磨混凝土材料及温控设计，居国际先进水平。针对溢洪道泄槽底板高强度（C18055W8F100）、超长薄层浇筑、强约束条件下抗冲磨混凝土薄板的防裂问题开展了系统和深入的研究，合理确定了混凝土温控标准及防裂措施。采用 180d 龄期强度作为抗冲磨混凝土的设计等级强度；采用 MgO 含量相对较高的中热水泥，高掺 I 级粉煤灰和高性能减水剂，充分利用混凝土的后期强度，减少了水泥用量，降低绝热温升，提高了混凝土抗裂能力；提出了在大面积薄板混凝土内埋设冷却水管进行通水冷却的措施。

14.4　引水及尾水建筑物创新成果

（1）水电站进水口设计。大型水电站叠梁门分层取水进水口型式，成果总体达到国际先进水平。采用叠梁门多层取水进水口，引取水库表层水，减免下泄低温水对下游生态的影响，实现水电开发和环境保护同时兼顾的目标；应用一维及三维水动力学水

155

温模型对水温结构进行研究；应用三维数值模拟和水工模型试验进行水力特性研究；实现了进水口三维 CAD/CAE（包括水力、结构）集成设计；研究了大型水电站取水口结构在复杂地震非一致激励作用下，各塔段间的接触压力、接触摩擦力、缝间张开距和碰撞等相互作用和地震响应；研究在不同工况下的泄流型式及水动力荷载对结构的影响。将流固耦合方法应用于取水口波浪荷载研究，优化了物理模型，并能真实反映波浪对取水口结构的影响。

（2）尾水调压室优化。针对尾水调压室，用由尾水调压室上部开挖位移监测数据所反演的岩体力学参数进行正演分析，得到整个研究区域特别是尾水调压室底部岔口复杂部位的应力变形；调压室施工期适时支护，并对调压室初期支护施工期、运行期进行三维有限元计算、动态稳定性分析；二次衬砌支护方案根据井筒衬砌的不同高度分为四种，通过结构弹性、弹塑性有限元分析确定采用井筒全衬砌方案；尾水调压室采用圆筒式，利于围岩稳定和施工安全；同时 1 号尾水调压室与 2 号导流隧洞部分结合作为扩展调压室，以减小井筒尺寸，缩短工期，节省投资。

14.5　发电厂房建筑物创新成果

（1）地下厂房洞室群开挖支护设计优化。根据实际开挖揭示的地质情况，结合三维有限元分析和监测资料反馈分析，在保证洞室围岩稳定安全的前提下，采用动态反馈分析技术的理念及手段，调整了支护参数，对一次支护和二次衬砌进行大量设计优化，使得支护设计成果更加科学、合理，达到安全、经济目的，效益显著。

（2）正确选择机墩和蜗壳型式。通过大量的科学分析计算，研究金属蜗壳在高雷诺数强脉动水流作用下的振动特性，确定了采用蜗壳保压浇筑混凝土的结构型式；通过三维有限元线性、非线性计算和大型蜗壳仿真模型试验，对金属蜗壳应力、蜗壳外围混凝土、机墩结构及配筋、风罩温度工况下的结构分析、机墩蜗壳共振复核及厂房内原动力作用下振动反应等进行分析研究，并将研究成果充分运用于设计中，取得了较好的技术经济效果。

14.6　导截流建筑物创新成果

（1）大断面导流隧洞通过不良地质洞段施工技术研究。导流隧洞设计过程中，根据现场实际监测成果进行"数值反演"分析，以实时调整导流隧洞不良地质洞段的开挖程序和支护措施；同时结合"复合衬砌"设计理念，充分考虑围岩一次支护"加固"后的作用，优化钢筋混凝土结构，导流隧洞采用薄壁混凝土衬砌结构，既保证了工程的施工和运行安全，又有效节约了工程投资；在同类工程中处于先进技术水平。

（2）大断面浅埋渐变段开挖、支护设计。导流隧洞大跨度进口渐变段施工开挖顺序及临时支护措施设计，充分结合工程地质条件，利用工程力学理论研究与现场施工过程紧密结合，进行定量化分析，且对每个单项措施进行了敏感性分析。所采用的"起拱、平拱和眼镜法"施工方法，悬吊锚筋桩、锁口锚索和预应力锚杆等支护措施，效果十分显著。针对工程地质条件和施工特点，个性化的开挖设计方案，尤其 2 号导流隧洞大跨度进口渐变段（宽 27.6m，高 26.3m），上覆岩体厚仅 27.2m，进口为矩形断面，平顶一次开挖支护成型，国内外均属首次，技术进步明显。

（3）80m 级土工膜防渗体围堰技术研究。水电站上游围堰最大堰高约 74m，下部采用混凝土防渗墙，上部采用复合土工膜斜墙，属国内目前最高的复合土工膜斜墙围堰。下游围堰结合大坝永久建筑物进行优化设计，有效利用下游围堰改造大坝量水堰，既安全可靠，又有利于防洪度汛工程的快速施工，取得长足的技术进步和良好的经济效益。

（4）大流量、高流速、高落差山区河流截流工程实践。经截流模型试验和水力学计算，水电站采用 1 号、2 号导流隧洞截流，龙口段最大流速为 7.1m/s，最大落差为 9.16m，最大单宽功率为 290.1（t·m）/(s·m)，材料流失量大，与国内类似工程比较，截流难度较大。工程中利用大朝山水电站调节后，成功实现了大江截流，值得借鉴。

14.7 机电工程创新成果

（1）结合该电站巨型水轮发电机组及地下厂房的特点，开展了辅助机械设备及系统、消防系统、通风空调系统设计工作，以保证技术先进、可靠，满足水电站长期安全稳定运行要求。

（2）通过多方案比选，综合考虑工程的安全性和经济性，确定了高压设备的选型、布置及送出方案；通过计算机仿真计算，确定了过电压保护方案，保证了设备运行和人员的安全。

（3）水电站控制系统设计，结合中控室远距离"一键落门"硬接线控制系统设计、大型地下厂房防水淹厂房的控制措施、计算机监控系统设计、无线微机五防系统设计等诸多专题和专项研究、设计成果，系统地总结了水电站控制系统结合工程特点的设计成果及其创新性。

（4）水电站保护系统设计，结合糯扎渡水电站大型水轮发电机内部短路主保护配置方案研究、复杂厂用电系统备用电源自动投入解决方案、智能机组振摆监测保护系统设计等诸多专题和专项研究、设计成果，系统地总结了水电站保护系统结合设备特点的设计成果及其创新性。

（5）针对水电站左、右泄弧形工作闸门的设计水头高、孔口尺寸大的特点，提出了"井"支撑结构和充压水封的止水形式，并取得了相应的专利成果。为满足取表层水发电的要求，分层取水采用共用拦污栅检修栅槽的叠梁门设计方案，减少了土建及金属结构设备工程量。通过对左、右泄弧形工作闸门和表孔弧形工作闸门的振动及应力变化等技术指标的观测，从平面二维设计体系、有限元分析、原型观测等方面进行了系统总结，可供国内外同行参考借鉴。

（6）厂房机电数字化设计平台建立了统一的数据库，从而使各数据软件与其交互数据做到数据唯一，实现了对设计数据的规范管理，整合多款设计软件，将设计流程标准化，专业协同固化在软件流程中，实现了设计标准化。

14.8 安全监测与评价工程创新成果

（1）改进研发了四管式水管式沉降仪、电测式横梁式沉降仪等新型监测仪器，创新性地应用弦式沉降仪、剪变形计、500mm 超大量程点位器式位移计、六向土压力计组等，实现上游堆石体内部沉降、多传感器数据融合的心墙内部沉降、心墙与反滤及混凝土垫层之间的相对变形、心墙的空间应力等监测。

（2）针对复杂条件下的在线监测难题，开展了监测自动化系统的研究，首次将测量机器人、GNSS 变形监测系统、内观自动化系统进行整合与集成，实现了复杂条件下高精度与实时在线监测数据补偿，提高了系统的可靠性。

（3）依托糯扎渡等典型工程的监测资料，对大坝进行分析与安全评价，总结变形、渗流及应力等发展与分布规律，同时建立多种反馈分析方法，对糯扎渡心墙堆石坝进行渗透系数反演及坝体坝基渗流计算分析、坝料模型参数反演分析、高心墙坝堆石坝应力变形分析与安全评价。

（4）研究整体和分项两级大坝安全监控指标，提出建设期、蓄水期及运行期的安全评价指标，构建了实用的综合安全指标体系，并对各种级别的警况提出相应的应急预案与防范措施。构建安全评价与预警管理系统开发框架，将监控指标、预警体系等有机地集成起来，形成理论严密且可靠实用的高土石坝安全评价与预警信息管理系统。

14.9 生态环境工程创新成果

（1）利用数值模拟和物理模型试验两种研究手段，以糯扎渡水电站多层进水口叠梁门方案为研究对象，系统地研究了进水口叠梁门方案的下泄水温。研究表明：叠梁门高度增加，下泄水温提高，叠梁门对提高下泄水温有较为明显的作用。下泄水温提高的幅度，不仅取决于叠梁门的高度，还取决于水库水温垂向分布。

（2）建设糯扎渡鱼类增殖放流站，对那些种群数量已经减少或面临各种影响将大量减少的鱼类进行人工增殖，补充其资源数量。糯扎渡水电站鱼类增殖放流站主要对受糯扎渡水电站影响的鱼类为对象进行研究和设计，是云南省第一个水利水电鱼类增殖站建设项目，属省内领先，国内先进，具有较强的创新性，在探索鱼类保护工程设计方面做了有益的尝试。同时，在水电站环境保护示范工程方面具有一定的借鉴意义。

（3）建设糯扎渡珍稀植物园，对那些种群数量已经减少或面临各种影响将大量减少的珍稀植物进行迁地保护，并通过苗圃培育补充其资源数量。糯扎渡水电站珍稀植物园主要以受糯扎渡水电站影响的植物和植被为对象进行研究和设计，是云南省第一个水利水电珍稀植物园建设项目，属省内领先，国内先进，具有较强的创新性，在探索稀有植被迁地保护理论和工程设计方面做了有益的尝试。同时，在水电站环境保护示范工程方面具有一定的借鉴意义。

（4）建立动物救护站，是对珍稀保护动物的就地保护措施的有效补充。糯扎渡水电站工程通过建设动物救护站、建立生物多样性宣教基地，并结合生态修复及污染环境保护等措施，有效地减缓了工程建设对陆生动物产生的不利影响。特别是动物救护站是国内水电工程中首例由建设单位自行尝试建设的、委托专业化运营管理的小型动物救护专业园区，在糯扎渡珍稀动物保护措施中取得了显著作用和生态保护效益，是水电工程陆生生态环境保护措施中一道靓丽的风景线。

（5）提出了水土保持分区防治措施，系统地编制了水土保持方案并进行专项设计，通过存弃渣场挡渣墙、拦渣坝、排水、护坡工程、植树种草措施；土石料场排水、拦沙坝、场地平整及土地复垦措施，实现了可最大限度恢复项目建设区遭破坏的植被的目的，有利于控制因工程建设造成的新增水土流失，使防治区域水土保持状况满足当地政府水土保持规划的目标。对有效利用当地有限的水土资源，保障工程安全运行，减轻工程建设对周边生态环境破坏程度，改善当地人文景观，提高水库的旅游开发价值有着积极的意义。

（6）将砂石料加工系统细砂回收装置与废水处理工艺有机结合，能处理砂石料加工系统产生的全部废水，处理后的水质优于供水系统提供的生产用水，满足循环利用指标。糯扎渡水电站生产废水处理工程是昆明院环保专业独立完成的第一个水电行业生产废水处理工程设计项目，也是云南省目前完成的第一个水电行业生产废水处理工程设计改造项目，对今后类似项目的设计有很好的借鉴意义。

14.10　征地移民工程创新成果

（1）对移民安置方式进行了研究，在糯扎渡水电站建设期间，移民安置补偿政策经历了不断的演变和发展，政策交替、更迭，也经历了政策逐步完善，对顺利推进各个阶段、各个时期的移民安置工作提供了重要支撑，发挥了重要作用，移民工作的管理体制进一步完善。规范了移民安置规划的编制程序，强化了移民安置规划的法律地位。提高了移民对安置工作的参与程度，扩大了移民的知情权、参与权和监督权。安置方式开始多样化，并且出现专门配套政策，补偿补助项目逐步向移民倾斜，涉及项目增多，标准逐步提高。税费政策发展迅速，调整较大。支撑的政策、措施涵盖面广、形式多样、针对性强、执行到位、效果显著。

（2）调整糯扎渡水电站移民生产安置方式，由传统的农业安置为主调整为逐年补偿多渠道多形式的安置方式，糯扎渡水电站搬迁人口由 4.44 万人减少至约 2.7 万人。首先，从整个项目的角度，减少了移民投资，降低了项目业主前期融资压力；其次，从地方政府工作的角度，减轻了地方政府搬迁安置压力，满足了水电站提前下闸要求；再次，从环境保护角度，减少了土地资源配置的要求，减少了新开垦耕园地，减轻对环境的破坏及水土流失；最后，从移民自身的角度，即保证了移民收入长期稳定，生活得到保障，又可利用配置的土地资源进行多元化发展。为其他项目提供了借鉴和参考。减轻了移民安置工作压力、确保了移民安置工作顺利推进，解放了农村劳动力，助力产业模式转变。移民群众与项目业主实现了利益共享。

（3）适时调整移民安置进度计划，充分根据现有生产安置方式结合就近、分散和城镇化等多种方式科学合理地开展相关工作，糯扎渡水电站移民生产安置在以传统的移土安置为主，二三产业、自谋职业、投亲靠友安置方式为辅的生产安置方式基础上引入了逐年补偿安置方式，给广大的移民群众增加了安置方式的选择，确保了工程按时推进。在安置点勘察设计和基础设施的配套规划设计过程中，各方通过充分讨论，以相对超前的理念明确工作思路和方法，有效推进了安置点和配套基础设施的建设，确保了移民能及时搬迁安置，及早地实现移民生产生活的恢复。在实施组织上，针对糯扎渡水电站提前两年下闸蓄水的要求，各方精心组织，依据职责分工，规划好组织管理，及时制定科学合理的保障措施，最终确保了糯扎渡水电站按照预定计划下闸蓄水。

（4）进行糯扎渡水电站阶段性分期蓄水专题研究，厘清了分期处理范围、分期实物指标和分期移民安置任务，为糯扎渡水电站提前两年蓄水发电提供了理论基础，为有序地、重点地、针对性地开展移民安置工作提供了依据，为结合移民安置实施现状开展进度计划调整分析论证工作提供了有力支撑。阶段性分期蓄水移民安置工作的实施，使得水电工程建设按照计划有针对性、有节奏地稳步推进，为糯扎渡水电站提前两年下闸蓄水和发电创造了条件，产生了较大的社会和经济效益。

（5）提出了库周非搬迁移民村组基础改善项目。通过完善通村组道路、组内道路硬化，统筹各方资金规划建设，基本解决村内道路泥泞、村民出行不便等问题，形成库周村组主要交通道路体系。完善村组公共服务设施建设。结合地方生活习惯和民俗，建设小组活动室、篮球场或其他活动场所。便于村组开展公共活动及民主议事活动，促进农村文化生活发展，改善村组精神文明面貌，提升农村基本公共设施服务能力和水平。完善村组厕所建设。合理选择改厕模式，推进厕所革命，按照群众接受、经济适用、维护方便、不污染公共水体的要求，按需建设不同水平的农村厕所。完善村组生活垃圾收集处理设施建设。按农村生活垃圾收运处置体系规划，建设符合库区村组实际、方式多样的生活垃圾收集设施。改善垃圾山、垃圾围村、垃圾围坝等现象，保持村庄整洁。

14.11 工程数字化创新成果

糯扎渡水电站数字化应用始于 2001 年，历经规划设计、工程建设和运行管理三大阶段，涵盖枢纽、机电、水库和生态四大工程，成果主要包括：三维地质建模、三维协同设计、三维 CAD/CAE 集成分析、施工可视化仿真与优化、水库移民、生态景观 3S 及三维 CAD 集成设计、三维施工图和数字化移交、工程建设质量实时监控、工程运行安全评价及预警、数字大坝全生命周期管理等。

数字化技术的应用，对于改进和优化设计、施工方案，提高设计、施工效率，保障工程质量和安全，为设计和施工决策提供及时、可靠、直观、形象的信息支持，发挥了重大作用，促成水电站提前 2 年建成发电，经济效益显著，获得了业主、审查、建设、运行单位的高度评价，使设计企业为工程服务和业主创造价值的能力大大增强。相关成果作为重要创新获得了 3 项国家科学技术进步奖和 8 项省部级科学技术进步奖。

后　　记

　　中国电建集团昆明勘测设计研究院有限公司自 1984 年启动糯扎渡水电站规划工作，30 多年来，得到各级领导、专家和建设各方单位的关心、帮助和信任。昆明院的项目团队发扬"团结、拼搏、敬业"精神，扎实努力工作；认真贯彻落实"保证工程安全、准确认识自然、注重节能环保、节约自然资源、做好移民安置、推进技术创新、降低工程造价、提高综合效益"的工程设计理念；与各高等院校、科研院所团结协作，立足高起点，借助中外经验，博采众长，精心设计，按照以企业为主体，"产、学、研、用"相结合的模式，凝聚众多水电科技工作者的集体智慧；攻克了人工砾石土心墙防渗土料成套工程技术等许多世界级的技术难题，取得了糯扎渡水电站数字大坝—质量与安全控制信息管理系统等诸多创新成果，谱写了中国水电工程技术的华美篇章。

　　糯扎渡水电站创新性成果突出，以其为依托或主要依托的科研项目，获得国家科学技术进步奖 6 项，省部级科学技术进步奖 8 项；获中国土木工程詹天佑奖、堆石坝国际里程碑工程奖、国际菲迪克（FIDIC）工程项目优秀奖。取得直接经济效益约 46 亿元，促成水电站提前两年建成发电，发电收益约 152 亿元；为澜沧江古水、如美，金沙江其宗，雅砻江两河口、大渡河双江口、长河坝等超高土石坝枢纽工程勘测设计、科研及建设提供了科技支撑和实践经验，推广应用价值显著；获得了十多家业主、审查、设计、科研、建设、运行单位的高度评价。具有中国独立自主知识产权的超高土石坝枢纽建设技术，对我国西部地区即将兴建的 20 余座 300m 级超高土石坝枢纽工程具有重大引领和重要借鉴意义。

　　科技创新是企业的灵魂，是社会经济发展的不竭动力，只有不断创新，才能使科技水平始终位于世界前列。昆明院建院 50 年来，经过几代人坚持不懈的努力，以科技求发展，建设了一大批精品工程，取得了诸多的科技创新成果。进入 21 世纪，昆明院人继续秉承优秀传统，加大科技创新力度，坚定不移贯彻党中央、国务院"建设创新型国家"的战略决策，构建以企业为主体、市场为导向、积极搭建高层次创新平台，以"面向市场、面向工程、创新驱动、支撑发展"为科技工作方针，不断增强自主创新能力，继续为我国水电工程建设事业的发展做出卓越贡献！

参 考 文 献

[1] 张宗亮. 200m 级以上高心墙堆石坝关键技术研究及工程应用 [M]. 北京：中国水利水电出版社，2011.

[2] 张宗亮，冯业林，相彪，等. 糯扎渡心墙堆石坝防渗土料的设计、研究与实践 [J]. 岩土工程学报，2013，35 (7)：1323-1327.

[3] 张宗亮，严磊. 高土石坝工程全生命周期安全质量管理体系研究：以澜沧江糯扎渡心墙堆石坝为例 [C] //水电 2013 大会——中国大坝协会 2013 学术年会暨第三届堆石坝国际研讨会论文集，2013：854-861.

[4] 张宗亮，于玉贞，张丙印. 高土石坝工程安全评价与预警信息管理系统 [J]. 中国工程科学，2011，13 (12)：33-37.

[5] 张宗亮，袁友仁，冯业林. 糯扎渡水电站高心墙堆石坝关键技术研究 [J]. 水力发电，2006，32 (11)：5-8.

[6] 沙庆林. 公路压实与压实标准 [M]. 北京：人民交通出版社，1999.

[7] DUNCAN J M, CHANG C Y. Nonlinear analysis of stress and strain in soils [J]. Journal of the Soil Mechanics and Foundations Division，ASCE，1970，96 (5)：1629-1652.

[8] INDRARATNA B, WIJEWAEDENA L S S, BALASUBRAMANIAM A S. Large - scale triaxial testing of grewacke rockfill [J]. Geotechnique，1993，43 (1)：37-51.

[9] MAKDISI F I, SEED H B. Simplified procedure for estimating dam and embankment earthquake - induced deformations [J]. Journal of the Geotechnical Engineering Division，1978，104 (7)：849-867.

[10] NEWMARK N M. Effective of earthquake on dams and embankments [J]. Geotechnique，1965，15 (2)：139-160.

[11] SHERARD J L. Embankment dam cracking, embankment dam engineering—The casagrande volume [M]. John Wiley and Sons，Inc. N. Y.，1973.

[12] SHERARD J L. Hydraulic fracturing in embankment dams [J]. Journal of the Geotechnical Engineering Division，ASCE，1986，112 (10)：905-927.

[13] 柏树田，崔亦昊. 堆石的力学性质 [J]. 水力发电学报，1997，3：21-30.

[14] 曹克明. 国外土石坝工程用风化料作防渗体土料的主要经验介绍 [J]. 土石坝工程，2001 (1)：33-39.

[15] 陈贵斌，李仕奇，胡平. 糯扎渡水电站工程施工导流设计概述 [J]. 水力发电，2005 (5)：59-61.

[16] 陈立宏，陈祖煜. 堆石非线性强度特性对高土石坝稳定性的影响 [J]. 岩土力学，2007 (28)：1807-1810.

[17] 陈宗梁. 世界超级高坝 [M]. 北京：中国电力出版社，1998.

[18] 陈祖煜. 土质边坡稳定分析——原理·方法·程序 [M]. 北京：中国水利水电出版社，2003.

[19] 高浪，谢康和. 人工神经网络在岩土工程中的应用 [J]. 土木工程学报，2002，35 (4)：77-81.

[20] 高莲士，赵红庆，张丙印. 堆石料复杂应力路径试验和非线性 K-G 模型研究 [C] //国际高土石坝学术研讨会论文集，1993.

[21] 顾慰慈. 土石（堤）坝的设计与计算 [M]. 北京：中国建材工业出版社，2006.

［22］ 郭雪莽，田明俊，秦理曼. 土石坝位移反分析的遗传算法［J］. 华北水利水电学院学报，2001，22（3）：94－98.

［23］ 国家电力公司昆明勘测设计研究院. 糯扎渡水电站可行性研究报告　第五篇——工程布置及主要建筑物［R］，2003.

［24］ 何金平，程丽. 大坝安全预警系统与应急预案研究基本思路［J］. 水电自动化与大坝监测，2006，30（1）：1－4.

［25］ 何顺宾，胡永胜，刘吉祥. 冶勒水电站沥青混凝土心墙堆石坝［J］. 水电站设计，2006，22（2）：46－53.

［26］ 侯玉成. 土石坝健康诊断理论与方法研究［D］. 南京：河海大学，2005.

［27］ 胡昱林，毕守一. 水工建筑物监测与维护［M］. 北京：中国水利水电出版社，2010.

［28］ 黄秋枫，胡海浪. 基于强度折减有限元法的边坡失稳判据研究［J］. 灾害与防治工程，2007（2）：38－43.

［29］ 黄声享，刘经南. GPS实时监控系统及其在堆石坝施工中的初步应用［J］. 武汉大学学报，2005，30（9）：813－816.

［30］ 解家毕，孙东亚. 全国水库溃坝统计及溃坝原因分析［J］. 水利水电技术，2009，40（12）：124－128.

［31］ 李亮. 智能优化算法在土坡稳定分析中的应用［D］. 大连：大连理工大学，2005.

［32］ 李全明. 高土石坝水力劈裂发生的物理机制研究及数值仿真［D］. 北京：清华大学，2006.

［33］ 李仕奇，陈贵斌，曹军义. 大型导流隧洞复合衬砌结构设计简介［J］. 水力发电，2006，32（11）：66－68.

［34］ 郦能惠，李泽崇，李国英. 高面板坝的新型监测设备及资料反馈分析［J］. 水力发电，2001（8）：46－48.

［35］ 林继镛. 水工建筑物［M］. 北京：中国水利水电出版社，2006.

［36］ 林秀山，沈凤生. 小浪底大坝的设计特点及施工新技术［J］. 中国水利，2000（5）：24－25.

［37］ 刘杰，王媛，刘宁. 岩土工程渗流参数反问题［J］. 岩土力学，2002，23（2）：152－161.

［38］ 刘经迪，王金汉. 鲁布革水电站土石坝施工［J］. 水力发电，1988（12）：55－59.

［39］ 刘颂尧. 碾压高堆石坝［M］. 北京：水利电力出版社，1989.

［40］ 刘兴宁，董绍尧. 糯扎渡水电站水力设计关键技术研究［J］. 水力发电，2006，（11）：75－77.

［41］ 刘媛媛，张勤，赵超英，等. 基于多源SAR数据的InSAR地表形变监测［J］. 上海国土资源，2014，35（4）：31－36.

［42］ 吕擎峰，殷宗泽. 非线性强度参数对高土石坝坝坡稳定性的影响［J］. 岩石力学与工程学报，2004，23（16）：2708－2711.

［43］ 毛昶熙，段祥宝，李祖贻. 渗流数值计算与程序应用［M］. 南京：河海大学出版社，1999.

［44］ 毛昶熙. 渗流计算分析与控制［M］. 北京：中国水利水电出版社，2003.

［45］ 牛运光. 土坝安全与加固［M］. 北京：中国水利水电出版社，1998.

［46］ 钱家欢，殷宗泽. 土工原理与计算［M］. 北京：中国水利水电出版社，1995.

［47］ 钱学森，于景元，戴汝为. 一个科学新领域——开放复杂巨系统及其方法论［J］. 自然杂志，1990，13（1）：3－10.

［48］ 钱学森. 创建系统学［M］. 太原：山西科学技术出版社，2001.

［49］ 汝乃华，牛运光. 大坝事故与安全　土石坝［M］. 北京：中国水利水电出版社，2001.

［50］ 詹美礼，高峰，何淑媛，等. 接触冲刷渗透破坏的室内研究［J］. 辽宁工程技术大学学报（自然科学版），2009，28（增刊）：206－208.

［51］ 沈珠江. 鲁布革心墙堆石坝变形的反馈分析［J］. 岩土工程学报，1994，16（3）：1－13.

［52］ 沈珠江. 土体应力应变分析中的一种新模型［C］//第五届土力学及基础工程学术讨论会论文集.

参考文献

北京：中国建筑工业出版社，1990.

[53]　舒世馨. 反滤层设计理论及应用 [J]. 华水科技情报，1985 (4)：36 – 42.

[54]　孙涛，顾波. 边坡稳定性分析评述 [J]. 岩土工程界，2002，3 (11)：48 – 50.

[55]　田晓兰，王碧. 小浪底大坝填筑机械化施工 [J]. 西北水电，2001 (1)：7 – 30.

[56]　王碧，李玉洁，王奇峰. 小浪底大坝填筑施工技术和施工方法 [J]. 水力发电，2000 (8)：35 – 38.

[57]　王碧，王奇峰. 小浪底高土石坝填筑的先进施工水平 [J]. 西北水电，2001 (1)：23 – 26.

[58]　王成祥. 冶勒水电站大坝防渗墙施工与质量控制 [D]. 武汉：武汉大学，2004.

[59]　王民寿，李仕奇. 试论地下洞室群施工专家系统的开发 [J]. 云南水力发电，2003 (1)：87 – 90.

[60]　吴高见. 高土石坝施工关键技术研究 [J]. 水利水电施工，土石坝工程施工专辑，2013 (4)：1 – 7.

[61]　吴晓铭，黄声享. 水布垭水电站大坝填筑碾压施工质量监控系统 [J]. 水力发电，2008，34 (3)：47 – 50.

[62]　吴中如，顾冲时. 重大水工混凝土结构病害检测与健康诊断 [M]. 北京：高等教育出版社，2005.

[63]　吴中如，顾冲时. 综述大坝原型反分析及其应用 [J]. 中国工程科学，2001，3 (8)：76 – 81.

[64]　夏元友，李梅. 边坡稳定性评价方法研究及发展趋势 [J]. 岩石力学与工程学报，2002，21 (7)：34 – 38.

[65]　谢培忠. 鲁布革水电站心墙堆石坝施工特点 [J]. 水利水电技术，1990 (8)：42 – 44.

[66]　刑林生，谭秀娟. 我国水电站大坝安全状况及修补处理综述 [J]. 大坝与安全，2001 (5)：4 – 8.

[67]　徐玉杰. 土石坝施工质量控制技术 [M]. 郑州：黄河水利出版社，2008.

[68]　闫琴，张益强. 土石坝渗流反演分析的现状与发展 [J]. 山西建筑，2007，33 (13)：353 – 354.

[69]　严磊. 大坝运行安全风险分析方法研究 [D]. 天津：天津大学，2011.

[70]　杨毅平，谢培忠. 鲁布革堆石坝风化料防渗体施工质量控制 [J]. 水利水电技术，1988 (9)：52 – 56.

[71]　殷宗泽. 土工原理 [M]. 北京：中国水利水电出版社，2007.

[72]　尹思全. 水利水电工程施工导流方案决策研究 [D]. 西安：西安理工大学，2004.

[73]　袁曾任. 人工神经元网络及其应用 [M]. 北京：清华大学出版社，1999.

[74]　袁会娜. 基于神经网络和演化算法的土石坝位移反演分析 [D]. 北京：清华大学，2003.

[75]　张丙印，袁会娜，李全明. 基于神经网络和演化算法的土石坝位移反演分析 [J]. 岩土力学，2005 (4)：35 – 36.

[76]　张建云，杨正华，蒋金平，等. 水库大坝病险和溃坝研究与警示 [M]. 北京：科学出版社，2014.

[77]　张鲁渝，欧阳小秀，郑颖人. 国内岩土边坡稳定分析软件面临的问题及几点思考 [J]. 岩石力学与工程学报，2003，22 (1)：166 – 169.

[78]　张启岳. 用大型三轴仪测定砂砾石料和堆石料的抗剪强度 [J]. 水利水运科学研究，1980 (1)：25 – 38.

[79]　张清华，隋立芬，贾小林，等. 利用高精度 PPS 测量进行 GPS – GLONASS 时差监测 [J]. 武汉大学学报（信息科学版），2014，36：40.

[80]　张世英，陈元基. 筑路机械工程 [M]. 北京：机械工业出版社，1998.

[81]　张应波，何仲辉. 冶勒水电站大坝沥青混凝土心墙质量控制与管理 [J]. 水力发电，2004，30 (11)：32 – 34.

[82]　章为民，赖忠中，徐光明. 电液式土工离心机振动台的研制 [J]. 水利水运工程学报，2002 (1)：63 – 66.

[83]　赵朝云. 水工建筑物的运行与维护 [M]. 北京：中国水利水电出版社，2005.

[84]　赵魁芝，李国英，沈珠江. 天生桥混凝土面板堆石坝原型观测资料反馈分析 [J]. 水利水运科学研究，2000 (4)：15 – 19.

[85] 赵琳. 土石坝安全监测分析评价技术研究 [J]. 东北水利水电，2013 (6)：51-52.

[86] 郑守仁. 我国高坝建设及运行安全问题探讨 [C] //高坝建设与运行管理的技术进展：中国大坝协会 2014 学术年会论文集. 郑州：黄河水利出版社，2014：3-11.

[87] 郑颖人. 岩土材料屈服与破坏及边（滑）坡稳定分析方法研讨 [J]. 岩石力学与工程学报，2007，26 (4)：649-661.

[88] 张宗亮，冯业林，袁友仁，等. 糯扎渡高心墙坝坝料特性及结构优化研究——专题一：心墙堆石坝坝料试验及坝料特性研究 [R]，2006.

[89] 钟登华，李明超，杨建敏. 复杂工程岩体结构三维可视化构造及其应用 [J]. 岩石力学与工程学报，2005 (4)：575-580.

[90] 周红祖，刘晓辉. 边坡稳定分析的原理和方法 [J]. 高等教育研究，2008，25 (1)：91-93.

[91] 周家文，徐卫亚. 糯扎渡水电站 1♯导流隧洞三维非线性有限元开挖模拟分析 [J]. 岩土工程学报，2008 (12)：3393-3400.

[92] 周家文，徐卫亚. 糯扎渡水电站 2♯导流隧洞三维非线性有限元开挖模拟分析 [J]. 岩土工程学报，2007 (12)：1527-1535.

[93] 朱百里，沈珠江. 计算土力学 [M]. 上海：上海科学技术出版社，1990.

[94] 朱国胜，张家发，王金龙. 日冕水电站心墙堆石坝坝体渗流场初步分析 [J]. 长江科学院院报，2009，10：95-100.

[95] 朱张华. 水电站施工导流及洪水控制研究 [D]. 西安：西安理工大学，2006.

附　　录

糯扎渡水电站工程特性表

序号及名称	单位	数量	备注
1. 水文			
1.1 坝址以上流域面积	万 km²	14.47	
1.2 利用水文系列年限	a	57	日历年
1.3 多年平均年径流量	亿 m³	546	水文年
1.4 代表性流量			
多年平均流量	m³/s	1740	水文年
实测最大流量	m³/s	13900	允景洪水文站
实测最小流量	m³/s	388	允景洪水文站
设计洪水标准及流量	m³/s	27500	$P=0.1\%$
校核洪水标准及流量	m³/s	39500	P·M·F
1.5 洪量			
实测最大洪量（30d）	亿 m³	220	允景洪水文站
设计洪水洪量（30d）	亿 m³	463	
校核洪水洪量（30d）	亿 m³	596	P·M·F
校核洪水洪量（15d）	亿 m³	405	P·M·F
1.6 泥沙			
多年平均悬移质年输沙量	万 t	9868.4	天然情况
多年平均含沙量	kg/m³	1.797	天然情况
实测最大含沙量	kg/m³	19.4	允景洪水文站 （1986 年 7 月 27 日）
多年平均推移质年输沙量	万 t	296	天然情况
2. 水库			
2.1 水库水位			
校核洪水位	m	817.99	
设计洪水位	m	810.92	
正常蓄水位	m	812.00	
防洪高水位	m	810.69	$P=1\%$
汛期限制水位	m	804.00	
死水位	m	765.00	
2.2 正常蓄水位时水库面积	km²	320	
2.3 回水长度	km	215	

序号及名称	单位	数量	备注
2.4 水库容积			
总库容（校核洪水位以下）	亿 m³	237.03	
正常蓄水位以下库容	亿 m³	217.49	
防洪库容	亿 m³	20.02	
调节库容	亿 m³	113.35	
死库容	亿 m³	104.14	
2.5 库容系数	%	0.21	
2.6 调节特性		多年调节	
3. 下泄流量及相应下游水位			
3.1 设计洪水位最大下泄流量	m³/s	27418	尾水出口
相应下游水位	m	630.75	50 年淤积水平
3.2 校核洪水位最大下泄流量	m³/s	37532	溢洪道出口
相应下游水位	m	635.79	天然水位
4. 工程效益			
4.1 防洪效益			
景洪市防洪标准		从 50 年一遇提高到 100 年一遇	
4.2 发电效益			
装机容量	MW	5850	
保证出力	MW	2406	
多年平均年发电量	亿 kW·h	239.12	
年利用小时数	h	4088	
5. 淹没损失			
5.1 淹没总面积	km²	329.97	
陆地面积	km²	297.37	
水域面积	km²	32.6	
5.2 淹没农用地	亩	416163	
5.3 淹没建设用地	亩	2738	
5.4 淹没未利用土地	亩	76049	
5.5 淹没村庄	个	81	
5.6 淹没集镇（街场）	个	3	1 个集镇，2 个街场
5.7 淹没人口	人	14364	
农业人口	人	12460	
非农业人口	人	1904	
5.8 淹没房屋	m²	495402	

序号及名称	单位	数量	备注
5.9 淹没零星果木树	棵	1912992	
5.10 淹没村办企业	个	67	
5.11 淹没专项设施			
5.11.1 交通设施			
三级公路	km	49.43	
四级公路	km	11.8	
林区公路	km	24.5	
大型桥梁	m/座	572.5/5	
码头	处	14	
5.11.2 长话线杆	km/杆	149.9	
5.11.3 110kV 线路塔基	座	10	
5.11.4 水利水电设施			
水电站	kW/座	585/3	
水库、坝塘	万 m³/座	12.2/3	
6. 主要建筑物			
6.1 挡水建筑物			
型式		心墙堆石坝	
地基特性		花岗岩	
地震基本烈度/设防烈度	度	8/9	
坝顶高程	m	821.50	
最大坝高	m	261.50	
坝顶长度	m	627.87	
6.2 泄水建筑物			
6.2.1 溢洪道			
型式		开敞式	
地基特性		花岗岩、T_2m 沉积岩	
堰顶高程	m	792.00	
泄流孔口尺寸（孔数-宽×高）	孔-m×m	8-15×20	
溢洪道长度	m	1445	
最大流速	m/s	52	
消能方式		挑流消能	
设计泄洪流量	m³/s	19814	
校核泄洪流量	m³/s	32533	
6.2.2 左岸泄洪隧洞			
围岩特性		花岗岩	

序号及名称	单位	数量	备注
进口底板高程	m	721.00	
泄流孔口尺寸（孔数-宽×高）	孔-m×m	2-5×9	
数量	条	1	
有压段洞身尺寸（圆形直径）	m	12	
无压段洞身尺寸（宽×高）	m	12×(16～21)	
泄洪隧洞全长	m	950	
最大流速	m/s	37.5	
消能方式		挑流消能	
工作闸门型式		弧形闸门	
设计泄洪流量	m³/s	3211	
校核泄洪流量	m³/s	3395	
6.2.3 右岸泄洪隧洞			
围岩特性		花岗岩	
进口底板高程	m	695.00	
泄流孔口尺寸（孔数-宽×高）	孔-m×m	2-5×8.5	
数量	条	1	
有压段洞身尺寸（圆形直径）	m	12	
无压段洞身尺寸（宽×高）	m	12×(18.28～21.5)	
泄洪隧洞全长	m	1062	
最大流速	m/s	41	
消能方式		挑流消能	
工作闸门型式		弧形闸门	
设计泄洪流量	m³/s	3154	
校核泄洪流量	m³/s	3257	
6.3 引水建筑物			
设计引用流量	m³/s	3429	381×9
6.3.1 电站进水口			叠梁门分层取水
型式		岸塔式	
岩石特性		花岗岩、T_2m 沉积岩	
进口底板高程	m	736.00	
孔口尺寸（孔数-宽×高）	孔-m×m	9-7×11	
进水塔尺寸（长×宽×高）	m	225×35.2×88.5	
事故闸门型式		平板快速闸门	
6.3.2 引水隧洞			
型式		地下平洞、竖井	

序号及名称	单位	数量	备注
围岩特性		花岗岩	
数量	条	9	
每条隧洞长度	m	269.464	平均长度
内径	m	9.2	
最大水头	m	247	包括水锤压力
6.3.3 压力钢管道			
型式		地下平洞	
围岩特性		花岗岩	
数量	条	9	
每条管长度	m	55.50	
内径	m	9.2	
最大水头	m	258	包括水锤压力
6.4 厂房			
型式		地下式	
围岩特性		花岗岩	
主厂房尺寸（长×宽×高）	m	418×23×81.6	包括副厂房
水轮机安装高程	m	588.50	
6.5 主变室			
型式		地下式	
围岩特性		花岗岩	
尺寸（长×宽×高）	m	348×19×(23.6～38.6)	包括气管母线层
6.6 500kV 开关站			
6.6.1 开关站			
型式		开敞式	
尺寸（长×宽）	m	100×59.8	
6.6.2 GIS 室		地下式	
尺寸（长×宽×高）	m	215.9×19×20.6	设于主变室中部 GIS 楼
6.7 尾水闸门室			
型式		地下式	
围岩特性		花岗岩	
尺寸（长×宽×高）	m	314×11×34.5	
闸门型式		平板闸门	
6.8 尾水调压室			
型式		圆筒阻抗式	地下
围岩特性		花岗岩	
数量	个	3	

序号及名称	单位	数量	备注
尺寸（直径×高）	m	$\phi27.8\times92$、$\phi29.8\times92$、$\phi29.8\times92$	
6.9 尾水隧洞			
围岩特性		花岗岩	
数量	条	3	
长度	m	480.11、473.353、464.505	
内径	m	18（16×21）	
闸门型式		平板闸门	
6.10 运输洞			
6.10.1 主厂房运输洞			
围岩特性		花岗岩	
长度	m	1555.8	
尺寸（宽×高）	m	10.5×11.831	城门洞形
6.10.2 尾水闸门运输洞			
围岩特性		花岗岩	
长度	m	1493.333	
尺寸（宽×高）	m	8.7×7.83	城门洞形
6.11 主要机电设备			
6.11.1 水轮机			
台数	台	9	
型号		HL（146.5）-LJ-720（741）	
额定出力	MW	660	
额定转速	r/min	125	
吸出高度	m	−10.4	
最大工作水头	m	215	
最小工作水头	m	152	
额定水头	m	187	
额定流量	m³/s	381（380）	
6.11.2 发电机			
台数	台	9	
型号		SF650-48/14500（14580）	
单机容量	MW	650	
功率因数		0.9（滞后）	

续表

序号及名称	单位	数量	备注
额定电压	kV	18	
6.11.3 主变压器		水冷、单相式	
台数	台	28	其中备用 1 台
		500kV、241MVA	
6.11.4 桥式起重机			
台数	台	3	
		800t/160t 单小车	2 台
		100t/32t 单小车	1 台
7. 施工			
7.1 主体工程量（含导流工程）			
土石方明挖	万 m³	4825.68	
石方洞挖	万 m³	576.30	
土石方填筑	万 m³	3380.67	
混凝土及钢筋混凝土	万 m³	429.05	
金属结构及机电设备安装	万 t	13.90	其中金属结构 3.061
帷幕灌浆	万 m³	21.26	
固结灌浆	万 m³	59.21	
7.2 主要建筑材料			
木材	万 m³	4.07	
水泥	万 t	136.75	
钢筋	万 t	35.28	
7.3 施工高峰人数	人	7080	
7.4 施工临时房屋			
占地面积	万 m²	82.37	
建筑面积	万 m²	20.02	
7.5 施工动力及来源			接 110kV 思澜线
高峰负荷	kW	36600	
总降容量	kVA	2×25000	
备用电源	kW	4×320	柴油发电站
7.6 对外交通			
距离（距昆明）	km	521	

序号及名称	单位	数量	备注
运量	万t	324.08	
7.7 施工导流			
导流方式		隧洞	
导流隧洞型式		方圆形	
洞身尺寸（条数-宽×高）	条-m×m	3-16×21、1-7×8、1-10×12	
导流围堰型式		土石围堰	
堰高	m	74/41	上游围堰/下游围堰
7.8 施工占地			
永久占地	亩	12404	
临时占地	亩	3807	
7.9 施工工期			
工程筹建期	月	24	
准备工程工期	月	22	
主体工程工期	月	57	
完建期	月	23	
总工期	月	102	
8. 经济指标			
8.1 静态总投资	万元	3489763.28	2007年价格水平
8.2 总投资	万元	4500566.28	2007年价格水平
建设期还贷利息	万元	1010803.00	2007年价格水平
8.3 综合经济指标			
单位千瓦投资	元/kW	7693	静态
单位电量投资	元/(kW·h)	1.88	静态
经济内部收益率	%	13.40	
全部投资财务内部收益率	%	8.40	
借款偿还期	a	24.5	
上网电价	元/(kW·h)	0.2296	
送广东落地电价	元/(kW·h)	0.3322	

索　引

《大国重器 中国超级水电工程·糯扎渡卷》
编辑出版人员名单

总责任编辑：营幼峰

副总责任编辑：黄会明　王志媛　王照瑜

项目负责人：王照瑜　刘向杰　李忠良　范冬阳

项目执行人：冯红春　宋　晓

项目组成员：王海琴　刘　巍　任书杰　张　晓　邹　静
　　　　　　李丽辉　夏　爽　郝　英　李　哲

《创新技术综述》

责任编辑：李丽辉

文字编辑：李丽辉

审稿编辑：王照瑜　李忠良　方　平

索引制作：严　磊

封面设计：芦　博

版式设计：吴建军　孙　静　郭会东

责任校对：梁晓静　黄　梅

责任印制：崔志强　焦　岩　冯　强

排　　版：吴建军　孙　静　郭会东　丁英玲　聂彦环

Contents

Preface I

dropower Research, Wuhan Institute of Rock and Soil Mechanics under Chinese Academy of Sciences, Tsinghua University, Tianjin University and Yunnan University, etc. All the achievements were made with strong support and help by China Renewable Energy Engineering Institute and Huaneng Lancang River Hydropower Inc., the Employer of Nuozhadu Hydropower Project. Here we would like to express our sincere thanks to the above units!

In preparing this book, the leaders and colleagues at all levels of POWERCHINA Kunming Engineering Corporation Limited granted great support and help. In addition, China Water & Power Press also made great efforts to the publication of this book. I would like to extend my sincere thanks to them!

Due to the limited capacity of authors, there are deficiencies in this book inevitably. As a result, you are kindly requested to make comments.

Editor
Nov, 2020

protection. Chapter 12 introduces the innovation in land acquisition and resettlement, including a number of innovations and practices of Nuozhadu Hydropower Project in terms of resettlement mode, resettlement compensation and subsidy policy, post-resettlement support planning, project planning and design concept, resettlement implementation management mode, etc. Application of digital technology in Nuozhadu Hydropower Project is introduced in chapter 13. The important role of engineering design and construction digitalization in optimizing proposals, increasing efficiency, ensuring engineering quality and safety, and providing information support decisions timely and reliably. Chapter 14 summarizes the contents of the book.

Efforts to analyze and select contrastively were made by design engineers. Through stages of "acquisition, apprehension and innovation of technology", great achievement had been obtained. In this book, the engineering professionals from the Design Department of Nuozhadu Hydropower Project, who are directly involved in engineering design and research, are the main drafting staff. From the perspective of engineering professionals, this book emphasizes on the development level of related technologies both at home and a-broad, the train of thoughts and methods of solving problems, the main research contents, achievements and applications, which strives to make innovation of theories and methods.

Chapter 1 was prepared by Zhang Zongliang, Chapter 2 by Li Baoquan, Chapter 3 by Liu Xingning and Li Baoquan, Chapter 4 by Zhang Zongliang and Yuan Youren, Chapter 5 by Zheng Dawei and Feng Yelin, Chapter 6 by Zhao Hongming and Gao Zhiqin, Chapter 7 by Mu Qing, Chapter 8 by Li Shiqi and Zhang Fayu, Chapter 9 by Shao Guangming and Yao Jianguo, Chapter 10 by Zou Qing and Tan Zhiwei, Chapter 11 by Zhang Rong and Li Ying, Chapter 12 by Zhu Zhaocai and Li Hongyuan, Chapter 13 by Yan Lei and Liu Xinqing, and Chapter 14 by Zhang Zongliang. The book was compiled by Zhang Zongliang and reviewed by Zhang Sherong and Zhang Bingyin.

The achievements quoted in this book mainly come from the design and special research achievements of Nuozhadu Hydropower Project completed at the stages of feasibility study, bidding design and construction drawing design, including the cooperation results of China Institute of Water Resources and Hy-

real-time monitoring technology of construction quality of ultra-high core rockfill dam. To meet the needs of the construction of large hydropower projects in west China, a systematic study is carried out on the above key technical problems of ultra-high core rockfill dam with "high head, large volume and large deformation". In chapter 5, the innovative technology of flood release structure is talked, which involves in the design of plunge pond, aeration in super-high speed spillway tunnel with large discharge and high head, as well as anti-scour and wear-resistant concrete with high strength and temperature control. Chapter 6 introduces the innovative technology of water diversion and tail water structure, including the design of stratified water intake of stoplogs in large hydropower project and the optimization design of tailrace surge chamber. Chapter 7 introduces the innovative technology of powerhouse structure, including the optimization design of underground cavern support and innovative research on the spiral case form of large power project piers. In chapter 8, the creative method applied in river diversion and closure structures is presented. Especially, construction technology of large section diversion tunnel in bad geological section, cofferdam with 80 meters degree geomembrane surface barrier, and excavation support schema in the transitional section with shallow depth. In chapter 9, the innovation of mechanical and electrical engineering is described in the domain of turbine generator (T/G) unit, electrical design technology, protection and control system of hydropower project, fire control and ventilation system, communication system, flood sluice and 3D system design. In chapter 10, technological innovations in safety monitoring and engineering assessment are introduced and corresponding application case of a 300m-high core rockfill dam is listed. In this example, the dam platform of safety evaluation is developed through real-time monitoring data acquisition and dynamic feedback with analysis. Chapter 11 introduces the innovative technology of eco-environmental engineering, puts forward the train of thoughts of "two stations and one park" for ecological protection innovatively and implements it successfully, carries out stratified water intake by stoplogs, water and soil conservation and aggregate wastewater treatment, which minimizes the adverse environmental impact arising from project construction and becomes a model of project with equal emphasis on development and

At the beginning of the 21st century, with the implementation of the Na-
tional Energy Development and West Development Strategy of China, the con-
struction of water conservancy and hydropower projects characterized by high
dam and large reservoir was in full swing. However, China still lacks the expe-
rience in design, construction and operation management of high core rockfill
dams with a height of over 200m. There are still many technical problems to be
solved urgently on construction of core rockfill dam from 200m to 300m in
height. Situated in the structurally soft rock area, Nuozhadu Hydropower Pro-
ject is the first 300m-high embankment dam in China and its flow and power of
flood discharge and the largest in the world. Besides above, the large scale of
underground caverns and complex geological conditions also put forward higher.

In view of the technical difficulties encountered in the design and construc-
tion of the 300m-high embankment dam, the designers of Nuozhadu Project,
and other builders, assumed boldly, verified carefully, judged accurately and
adopted new technologies bravely. A lot of analysis and experiment was carried
out to greatly optimize the design. The technique of clay core wall mixed with
gravel. Also, many other innovative techniques have been used in Nuozhadu
Project, such as evaluation and warning system of digital dam, optimization de-
sign of structure and technical parameters for turbine-generator (T/G) units,
layered water intake scheme of hydropower station, biodiversity conservation
facilities, "zero discharge" of production wastewater and domestic sewage, and
so on. All of these solved the problems encountered in the design and construc-
tion of Nuozhadu Project, saving the project cost, creating more economic ben-
efits, and promoting the hydropower engineering techniques.

The book consists of 14 chapters. In Chapter 1 introduces the overview,
characteristics, construction process, operation situation and social and
economic effects of the project. Chapter 2 introduces construction conditions of
the project, including hydraulic, meteorological and geotechnical conditions. In
chapter 3, critical technology of engineering survey is discussed, which
involves in engineering geological zoning planning, experimental study of weak
tectonic rock zone of granite, 3D geological modeling. In chapter 4, innovation
relating to core rockfill dam is presented, which includes design criteria, calcu-
lation and analysis methods, complete set of dam construction technology and

Nuozhadu Hydropower Project is the fifth cascade in the "Two Reservoirs and Eight Cascades" of the hydropower cascade planning in the middle and lower reaches of the Lancang River. The project is mainly intended for power generation, and has such comprehensive utilization tasks for flood control of urban and farmland of downstream Jinghong (about 110km) and improvement of downstream shipping. The preparations of the project started in April 2004. The main structure was commenced in January 2006 and completed in June 2014. Upon completion, it was the fourth largest hydropower project built in China and the largest one in Yunnan Province.

Nuozhadu Hydropower Project has a total installed capacity of 5.85 million kW, and guaranteed output of 2.406 million kW. The average annual energy output reaches 23.912 million kW · h over the years, which is equivalent to saving 9.56 million tons of standard coal and reducing carbon dioxide emissions of 18.77 million tons every year. The reservoir has a total storage capacity of 23.703 million m^3 and has the multi-year regulation characteristics. With a total cost of 61.1 billion RMB, Nuozhadu Hydropower Project is the largest single investment project in Yunnan Province. The project consists of core rockfill dam, left bank open spillway, left bank flood discharge tunnel, right bank flood discharge tunnel and left bank underground diversion power generation system, and other structures. The core rockfill dam with a maximum height of 261.5m is the highest embankment dam built in China and ranks third in the world. The open spillway ranks first in Asia in scale, and is the top side spillway of the world in maximum discharge ($31.318m^3/s$) and flood release power (55.86 million kW). The size of underground main and auxiliary powerhouses is 418m×29m×81.6m (length× width× height), and the scale of underground caverns ranks among the top in the world.

key technologies for real-time monitoring of construction quality of high core rockfill dams, such as the real-time monitoring technology of the transportation process for dam-filling materials to the dam and the real-time monitoring technology of dam filling and rolling, and research and develop the information monitoring system, realize the fine control of quality and safety for the high embankment dams; the achievements won the second prize of National Science and Technology Progress Award, representing the technological innovations in the construction of water conservancy and hydropower engineering in China. The dam is the first digital dam in China, and the technology has been successfully applied in a number of 300m-high extra high embankment dams such as Changhe Dam, Lianghekou Dam and Shuangjiangkou Dam.

I made a number of visits to the site during the construction of the Nuozhadu Hydropower Project, and it is still vivid in my mind. The project has kept precious wealth for hydropower development in China, including practicing the concept of green development, implementing the measures for environmental protection and soil and water conservation, effectively protecting local fish and rare plants, generating remarkable benefits of significant energy saving and emission reduction, significant benefits of drought resistance, flood control and navigation, and promoting the notable results of regional economic development. Nuozhadu Project will surely be a milestone project in the hydropower technology development of China!

This book is a systematic summary of the research and practice of the Nuozhadu HPP Project by the author and his team, and a high-level scientific research monograph, with complete system and strong professionalism, featured by integration of theory with practice, and full contents. I believe that this book can provide technical reference for the professionals who participate in the water conservancy and hydropower engineering, and provide innovative ideas for relevant scientific researchers. Finally the book is of high academic values.

Zhong Denghua, Academician of Chinese Academy of Engineering　　**Jan, 2021**

construction technology to a new step and won the Gold Award of Investigation and Silver Award of Design of National Excellent Project. These projects represent the highest construction level of the embankment dams in China and play a key role in promoting the development of technology of embankment dams in China.

The Nuozhadu Hydropower Project represents the highest construction level of embankment dams in China. Before the completion of the Project, China had built few core wall rockfill dams with a height of more than 100m, and the highest one is Xiaolangdi Dam (160m). The height of Nuozhadu Dam is more than 100m, which exceeds the scope of China's applicable specifications in force. The existing dam filling technology and experience can no longer meet the demands for extra-high core wall rockfill dam. Under the conditions of high head, large volume, and large deformation, the extra-high core wall rockfill dam faced great challenges in terms of seepage stability, deformation stability, dam slope stability and seismic safety, for which systematic and in-depth studies are required. An Industry-University-Research Collaboration Team, led by Zhang Zongliang, the chief engineer of POWERCHINA Kunming Engineering Corporation Limited and National Engineering Design Master, has carried out more than ten years of research and development and engineering practice. The team has achieved a lot of innovations in such technological fields as impermeable soils mixed with artificially crushed rocks and gravels, application of soft rock for the dam shell on the upstream face, static and dynamic constitutive models for soil and rock materials, hydraulic fracturing mechanism of the core wall, calculation and analysis method of cracks, a set of design criteria, and the comprehensive safety evaluation system, which have reached the international leading level and ensured the safe construction of the dam. The dam is operating well, and the seepage flow and settlement of the dam are both far smaller than those of similar projects built at home and abroad, and it is evaluated as a *Faultless Project* by the Academician Tan Jingyi.

In terms of dam construction technology, I am also honored to lead the Tianjin University team to participate in the research and development work and put forward the concept of controlling the construction quality of high embankment dams based on information technology, and research and solve the

Preface II

Learning that the book *Pillars of a Great Powers-Super Hydropower Project of China Nuozhadu Volume* will soon be published, I am delighted to prepare a preface.

Embankment dams have been widely used and developed rapidly in hydropower development due to their strong adaptability to geological conditions, availability of material sources from local areas, full utilization of excavated materials, less consumption of cement and favorable economic benefits. For high-land and gorge areas of southwest China in particular, the advantages of embankment dams are particularly obvious due to the constraints of access, topographical and geological conditions. Over the past three decades, with the completion of a number of landmark projects of high embankment dams, the development of embankment dams has made remarkable achievements in China.

As a pioneer in the field of hydropower investigation and design in China, POWERCHINA Kunming Engineering Corporation Limited has the traditional technical advantages in the design of the embankment dams. Since 1950s, POWERCHINA Kunming has successfully implemented the core wall dam of the Maojiacun Reservoir (with a maximum dam height of 82.5m), known as "the first earth dam in Asia" at that time and has forged an indissoluble bond with the embankment dams. In the 1980s, the core wall rockfill dam of Lubuge Hydropower Project (with a maximum dam height of 103.8m) was featured by a number of indicators up to the leading level in China and approaching the international advanced level in the same period. The project won the Gold Awards both for Investigation and Design of National Excellent Project; in the 1990s, the concrete faced rockfill dam (CFRD) of the Tianshengqiao 1 Hydropower Project (with a maximum dam height of 178m) ranked first in Asia and second in the world in terms of similar dam types, and pushed China's CFRD

cation of this book is of important theoretical significance and practical value to promote the development of ultra-high embankment dams and hydropower engineering in China. In addition, it will also provide useful experiences and references for the practitioners of design, construction and management in hydropower engineering. As the technical director of the Employer of Nuozhadu Hydropower Project, I am very delighted to witness the compilation and publication of this book, and I am willing to recommend this book to readers.

Ma Hongqi, Academician of Chinese Academy of Engineering
Nov, 2020

technical achievements have greatly improved design and construction of earth rock dam in China, and have been applied in following ultra-high earth rock dams, like Changhe on Dadu River (with a dam height of 240m), Shuangjiangkou (with a dam height of 314m), Lianghekou on Yalong River (with a dam height of 295m), etc.

The scientific and technical achievements of Nuozhadu Hydropower Projects won six Second Prizes of National Science and Technology Progress A-ward, and more than ten provincial and ministerial science and technology pro-gress awards. The project won a number of grand prizes both at home and a-broad such as the International Rockfill Dam Milestone Award, FIDIC Engi-neering Excellence Award, Tien-yow Jeme Civil Engineering Prize, and Gold Award of National Excellent Investigation and Design for Water Conservancy and Hydropower Engineering. The Nuozhadu Hydropower Project is a landmark project for high core rockfill dams in China from synchronization to taking the lead in the world!

The Nuozhadu Hydropower Project is not only featured by innovations in the complex works, but also a large number of technological innovations and applications in mechanical and electrical engineering, reservoir engineering, and ecological engineering. Through regulation and storage, it has played a major role in mitigating droughts and controlling flood in downstream areas and guar-anteeing navigation channels. By taking a series of environmental protection measures, it has realized the hydropower development and eco-environmental protection in a harmonious manner; with an annual energy production of 23,900 GW • h green and clean energy, the Nuozhadu Hydropower Project is one of major strategic projects of China to implement *West-to-East Power Transmis-sion* and to form a new economic development zone in the Lancang River Basin which converts the resource advantages in the western region into economic ad-vantages. Therefore, the Nuozhadu Hydropower Project is a veritable great power of China in all aspects!

This book systematically summarizes the scientific research and technical achievements of the complex works, electro-mechanics, reservoir resettlement, ecology and safety of Nuozhadu Hydropower Project. The book is full of de-tailed cases and content, with the high academic value. I believe that the publi-

search, all parties participating in the construction achieved many innovative a-chievements with China's independent intellectual property rights in fields of the investigation, testing and modification of dam construction materials for ul-tra-high core rockfill dams, design criteria and safety evaluation standards of core rockfill dam, digital monitoring on construction quality and rapid detection technology. Among them, there are two most prominent technology innova-tions. Firstly, the law that earth material of ultra-high core rockfill dam needs modification has been revealed for the first time. And complete technology that earth material needs modification by combining artificial crushed stones has been systematically presented. Since there are more clay particles, less gravels and high moisture content in natural earth materials of Nuozhadu Hydropower Project, it can meet the requirement of anti-seepage, but it fails to meet the re-quirements of strength and deformation of ultra-high core rockfill dam. There-fore, the natural earth material has been modified by combining 35% artificial crushed stones. Finally the strength and deformation modulus of core earth material increased, and deformation coordination between core and rockfill ma-terial achieved. Secondly, quality control technology of digitalized damming of high earth and rock dam has been studied, which is a pioneering work in the field of water resource and hydropower engineering in the aspect of national dig-italized and intelligentized construction. The quality control in the past was conducted by supervisors. But heavy workload and low efficiency may lead to o-missions. During Nuozhadu Hydropower Project construction, the technology of "digitalized dam" has realized the whole-day, fine and online real-time moni-toring onto the process of dam of filling and rolling. Thus it has ensured the good construction of dam with a total volume of $34 \times 10^6 m^3$, and it was known as the great innovation of quality control technology in the world dam construc-tion.

Key technologies such as core earth material modification of high earth rock dam and "digitalized dam" proposed by Nuozhadu Hydropower Project have fundamentally ensured the dam deformation stability, seepage stability, slope stability and seismic safety. The operation of impoundment is good till now, and the seepage amount is only 15L/s which is the smallest among the same type constructions at home and abroad. In addition, scientific and

Preface Ⅰ

Embankment dams, one of the oldest dam types in history, are most wide-ly used and fastest-growing. According to statistics, embankment dams account for more than 76% of the high dams built with a height of over 100m in the world. Since the founding of the People's Republic of China 70 years ago, about 98,000 dams have been built, of which embankment dams account for 95%.

In the 1950s, China successively built such earth dams as Guanting Dam and Miyun Dam; in the 1960s, Maojiacun Earth Dam, the highest in Asia at that time, was built; since the 1980s, such embankment dams as Bikou Dam (with a dam height of 101.8m), Lubuge (with a dam height of 103.8m), Xia-olangdi (with a dam height of 160m), and Tianshengqiao1 (with a dam height of 178m) were built. Since the 21st century, the construction technology of em-bankment dams in China has made a qualitative leap. Such high embankment dams as Hongjiadu (with a dam height of 179.5m), Sanbanxi (with a dam height of 185m), Shuibuya (with a dam height of 233m), and Changhe Dam (with a dam height of 240m) have been successively built, indicating that the construction technology of high embankment dams in China has stepped into the advanced rank in the world!

The core rockfill dam of Nuozhadu Hydropower Project with a total in-stalled capacity of 5,850 MW is undoubtedly an international milestone project in the field of high embankment dams in China. It is with a reservoir volume of 23,700 million cube meters and a dam height of 261.5m. It is the highest em-bankment dam in China (the third in the world) . It is 100m higher than Xia-olangdi Core Rockfill Dam which was the highest one. The maximum flood re-lease of the open spillway is 31,318m^3/s, and the release power is 66,940 MW, which ranks the top in the world side spillway. Through joint efforts and re-

Informative Abstract

This book is a sub volume of *Summary of Innovative Technology*, which is a national publishing fund funded project - "Great Powers China Super Hydropower Project (*Nuozhadu Volume*) ". The book consists of 14 chapters, including summary, construction conditions of the project, comprehensive survey of the project, core rockfill dam, flood discharge structure, water diversion and tailrace structure, powerhouse structure, diversion and closure structures, electromechanical engineering, safety monitoring and evaluation project, ecological environment project, resettlement project, engineering digitalization and conclusions.

This book can be used as a reference for technicians and managers of large-scale hydropower projects, and also teaching reference for teachers and students in relevant research institutions and colleges.

Great Powers –China Super Hydropower Project

(*Nuozhadu Volume*)

Integrated Innovation Technology

Zhang Zongliang Liu Xingning Yan Lei et al.

China Water & Power Press

· Beijing ·